Rope Rescue

罗忠臣◎主编

绳索救援技术

南京大学出版社

图书在版编目(CIP)数据

绳索救援技术/罗忠臣主编. —南京：南京大学
出版社，2022.4(2025.3 重印)
　ISBN 978 - 7 - 305 - 25597 - 7

　Ⅰ.①绳⋯　Ⅱ.①罗⋯　Ⅲ.①绳索－应用－救援
Ⅳ.①X928.04

中国版本图书馆 CIP 数据核字(2022)第 054057 号

出版发行　南京大学出版社
社　　址　南京市汉口路 22 号　　　邮　编　210093
书　名　绳索救援技术
　　　　　SHENGSUO JIUYUAN JISHU
主　编　罗忠臣
责任编辑　刘　飞　蔡文彬

照　排　南京开卷文化传媒有限公司
印　刷　南京玉河印刷厂
开　本　880 mm×1230 mm　1/32　印张 8.25　字数 215 千
版　次　2022 年 4 月第 1 版　2025 年 3 月第 4 次印刷
ISBN 978 - 7 - 305 - 25597 - 7
定　价　45.00 元

网　　址：http://www.njupco.com
官方微博：http://weibo.com/njupco
官方微信号：njupress
销售咨询热线：(025)83594756

忠臣班长手中的绳是人民群众的生命之绳，是主力军国家队的使命之绳，是普通一兵成就大我的向上攀登之绳。每名指战员都要掌握绳索技术，都要拥有敬业、精益、专注、创新的工匠精神！

詹寿旺

2022年4月18日

前　言

　　绳索救援技术是适用于多种复杂的救援环境,能在恶劣的事故环境里快速建立救援系统,从而达到成功救援的一项特种技术。近年来,随着我国社会国民经济的提高和信息化大数据的日益完善,人民群众对各种灾害事故的关注度也逐渐上升。从事应急救援工作的消防救援人员也面临着更加严峻的挑战,尤其在灭火救援、抗洪救灾、城市搜救、高空救援、山岳救援、井下作业和地震救援等方面需要专业领域的研究和相关书籍的指导。

　　本书针对消防救援队伍"全灾种,大应急"的新时代理念,将消防救援人员使用频率最高的绳索救援技术进行归纳总结并以自身在消防队伍中的多年训练和救援实践为依据编写。本书涵盖了绳索救援技术理念、绳索救援技术安全措施、绳索装备介绍、绳索技术辅助训练、绳索救援技术、绳索救援队技术成长等章节。总结出适合我国国情的绳索救援技术,形成了一套全面、专业且适合消防救援队伍训练和救援开展的理论与实践体系,具有较强的针对性、指导性和实用性。

　　本书内容新颖,数据翔实,图文并茂,通俗易懂,还配套真实场地的动作视频演示;书中还选用一些真实救援案例以及历年国内外经典绳索救援比赛案例进行梳理分析,以"每战必评、每训必究"

绳索救援技术

的原则,完善理论体系和技术环节。因此,本书既突出了基础理论、常用技术和综合应用,又强调了技术的综合性、专业性和实用性。

本书在编写过程中得到了四川瑞思安安全技术服务有限公司谢锦浩老师、中国消防救援学院吴传嵩老师、重庆市消防救援总队林静老师的技术支持。由衷感谢江苏省消防救援总队刘锡鑫政委,消防救援局南京训练总队梁云红总队长,江苏省消防救援总队陈海华副总队长,南京市消防救援支队孙山政委、梁军支队长、何凯副支队长,特勤大队翟明松大队长、曹勇明政委,南京市消防救援支队灭火救援指挥部王德智副部长、张明晖高级工程师、徐波副处长以及组教处、宣传处人员,特勤一站陈淑国站长、朱力伟指导员等对本书给予的大力支持。幸得以上各位领导及同事在编写时提供的方向指导与辛勤付出,此书才能顺利出版。

本书中涉及的技术动作和救援方法已通过实际救援论证,可作为救援技术参考,但在实战救援行动中仍要根据现场的实际情况合理制定救援方案,切不可照搬照套,以免给救援行动带来安全事故。笔者对本书的内容信息规程和技术要点可能造成的任何损失不承担法律责任。

鉴于编者水平有限及绳索救援技术在不断的改革创新,书中偏颇和不足之处在所难免,恳请各位读者和专家不吝赐教,批评指正。

编　者

2022 年 3 月

目　录

绳索救援技术

第一章　绳索救援技术理念

第一节　绳索技术起源及应用

绳索救援技术是指利用绳索将伤者或被困者从危险位置转移到相对安全位置的行动。完成绳索救援需要有完善的风险评估、安全合理的救援方案、备用救援方案以及过硬的系统绳索救援通过技术。

绳索技术及设备源于现代攀岩、登山及探洞运动，自 1950 年绳索探洞技术和自由攀登的兴起，经过五十年的演变，作业设备不断完善，户外运动兴起，绳索事故和户外遇险事故的出现，让绳索作业人员开始了将绳索作业技术应用于救援和解决实际问题的工作中，从而出现了绳索救援技术。

图 1-1-1　洞穴探险

绳索技术发展史：

1900年代：英国地质及理工学会探查洞穴地质（吊板与绳梯）；

1935年：英国探洞协会成立（提供探洞技术讨论平台）；

1941年：美国探洞协会成立（传统登山使用沿绳下降技术与绳梯）；

1952年：美国 Bill Cuddington 应用普鲁式技术成功从洞穴返回地面（奠定上升/下降系统基础）；

1960年代：第二次世界大战结束，欧洲经济与工业迅速增长，现代化器材陆续发明，绳索技术革新与进步意味浓厚。

绳索技术的蓬勃发展，是在1980年以后。随着设备的发展，自由攀登记录不断刷新，20世纪80年代末期，国际的工业绳索技术商业协会（IRATA）在英国成立；1989年欧共体实施了第一个关于"个人防护装备（PPE①）"的指令；1993年欧盟成立，欧盟 CE 认证的一些安全法规中，第一次加入了临时高空作业的部分，实际上就是绳索作业和高空止坠部分。

我国对于绳索救援技术的认识相对较晚，因此消防救援人员接受绳索救援技术的时间也很迟，在技术引进和发展上存在较大的短板，导致与"绳"相关的一些技术领域还不是很成熟。全国各地的绳索救援技术差异性非常大，技术上的发展也不完善。绳索救援技术是典型的综合运用专业技术，其技术的传播基本都是采用面对面教学，所以我国目前的绳索救援技术还很欠缺。

---

① PPE(Personal Protective Equipment)个人防护装备，主要用于保护人员免受由于接触化学辐射、电动设备、人力设备、机械设备或在一些危险工作场所而引起的严重的工伤或疾病。

图1-1-2 救援技术的发展

近年来,随着城市建设和工业的快速发展,高层建筑和高大工业设施林立,在城市、野外、工业等各种复杂环境下利用绳索开展救援,是一种实施抢险救援非常有效的方法。它具有用途广泛、使用方便、易于携带、可靠性强等优点,并且绳索救援装备所需要的经济投入也不是很高,因此绳索救援及绳索技术在国际上被广泛运用。

绳索技术系统的装备主要由安全带、主锁、下降器、止坠器和其他辅助器材组成,通过各种装备的不同运用方式,根据具体现场环境而使用各种系统性绳索救援技术。在实战中主要分为**单绳技术**(SRT,Single Rope Technique)和**双绳技术**(DRT,Double Rope Technique)。**单绳技术**是指在一根绳索上实现上下自如的技术,广泛应用于洞穴探险、攀岩。**双绳技术**是在单绳技术系统的基础上,另外增设一根单独的绳索,作为独立的绳索系统(保护绳系统),以确保作业人员在主绳(Working Rope)断裂时不会坠落。故双绳技术是消防救援指战员指定使用的一种救援方法。

第二节 认识救援技术

绳索技术有不同的应用领域:运动、竞技、探险、科考、工程作业、高空救援等，不同的应用领域催生出不同的绳索技术体系，比如攀登类、单绳技术、双绳技术、攀树。这些体系有截然不同的技术特点和应用目标。

国内大部分的绳索操作人员（除消防指战员外）都是户外爱好者出身，大多仅接触过运动类的绳索技术，或者仅局部了解过单绳或双绳技术。很多从事高空救援的专业人员学习和使用的也仅仅是源于攀登类（主要是高海拔登山）的救援技术，并不是系统的、专用的绳索救援技术。同时，救援的方式有很多，绳索救援只是其中的一种，切勿认为绳索技术救援适用于所有的救援环境。

一、常见的救援系统

（一）单绳技术（简称 SRT）

1. 单绳技术的概念

单绳技术起源和成熟于洞穴探险。很多人把单绳技术和洞穴探险等同起来，但单绳技术不同于洞穴探险。因为洞穴探险包括很多内容，绳索技术只是其中一部分；另外单绳技术也不仅适用于洞穴，而是广泛适用于山地、峡谷、开放性岩壁、建筑等各类高空自然及人工环境。20 世纪 60 年代前，洞穴探险使用天然纤维的粗绳和软梯探索地下世界，60 年代后现代结构的尼龙主绳被普及，人们围绕新型绳索重新设计了一系列上升和下降的器材及专用技术，相对于粗麻绳和软梯，这种技术被称为单绳技术（SRT）。

2. 单绳技术的特点

单绳技术是使用单根静力绳，自行搭建线路，在山体岩壁间进行三维移动的绳索技术，其非常重视操作者的绳上运动能力，有复杂的绳上运动技巧。能够使用尽量少的器材及人员完成复杂的工作。

单绳技术的不足:由于追求技术的高效和简洁,单绳技术的容错率较差(相较于双绳技术体系而言),因此单绳技术人员需要更加谨慎的操作和长时间的反复练习,同时单绳技术过于依赖个人技巧,内容多变繁琐,难以快速成型,缺少安全系数。

(二) 双绳技术(简称DRT)

1. 双绳技术的概念

过去几十年间绳索救援技术发生了很大变化,从20世纪70年代的双股螺纹绳和单绳技术发展到现代的高科技专业绳索装备和双绳技术。为了提高安全性,20世纪80年代,绳索技术开始转向双绳技术。双绳技术系统中,两条绳索中未受力的那一条,通常被称作**"保护绳(确保绳)"**。当操作不慎发生坠落时,保护绳在任何情况下都能随时保护操作者的安全。受力的那条绳子通常称为**"主绳"**。

双受力绳索系统并非是一个新概念,它已经以各种形式出现了30多年。大量实践证明,双绳系统是救援中更优的选择。一旦发生操作失误,有第二保护的存在,结果会安全很多。

2017年版的《技术救援人员专业资格标准》(NFPA 1006—2017)中明确指出:保护绳应该"除非动作,否则不要受力"。即使消防部门以外的许多救援组织使用了受力的保护绳或镜面绳索系统(TTRS[①]),但该标准并未得到修改。

2. 双绳系统的特点

把整体的力分摊在两个系统上,减少了一侧的受力,如果系统的一侧发生故障,则系统中绳索延展的可能会大大降低。系统两

---

① TTRS(Two Tension Rope Systems)双受力绳索系统也称为镜像系统正变得越来越流行,因为该系统中如果一条绳索发生故障,发生较大移动的可能性会大大降低。TTRS分担了两条绳索之间的负载,两者都处于拉紧状态。

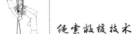

侧的搭建器材都是相同的,从而降低了操作和培训的复杂性。通过限制松散的绳索来减少岩石坠落,避免绳索缠绕和移动。两条绳索均处于受力状态,降低了保护人员过度自信的潜在风险(如将绳索随意的移入或移出)。

3. 双绳系统的不足

双受力绳索系统的缺点是追求安全的同时,绳索救援装备的重量会给救援人员带来一定的负重,并且在装备的兼容性上,各体系之间装备使用必须非常熟悉,管理方式必须非常严格。

二、救援体系

(一)欧洲体系

欧洲应用绳索救援技术开展救援活动的历史较早,其中最具代表性的为国际工业绳索协会(IRATA)技术,该技术可以在短时间内快速架设,操作原理简明,不仅器材轻便,同时拥有较高的安全系数。在实际开展救援行动时,单个救援人员只要具备良好的综合救援技能素质,就可以对该技术进行灵活应用,不但救援效率较高,而且发生救援风险的概率也相对较低,有完整的救援体系和管理机制。

图 1-2-1　欧洲技术示例

（二）日式体系

日本螺旋绳技术是日本在 20 世纪 80 年代从欧洲引进的,如"蝴蝶结"又称"阿尔卑斯蝴蝶结","腰结"又称"布林结",很多基础绳结都是欧洲人所发明的,日本消防部门引进了螺旋绳技术后在原有的基础上又进行了深度的改造,形成了我们目前所知道的螺旋绳技术。

螺旋绳技术使用的绳索为 12 毫米的三股捻绳绳索,承重在 500 千克以内,材质一般为尼龙,长度约为 30～200 米。螺旋绳救助技术与目前国际主流的绳索救援技术相比,属于本能的最基本的逃生自救和救援技术,更加关注于绳索的打结方式,不使用也不能使用现代防坠落装备,属于严重落后的绳索救援技术,不适应绳索救援尤其是高空救援的现实需要。

图 1-2-2　日式技术示例

（三）北美体系

北美是在严格遵守美国消防协会(NFPA, National Fire Protection Association)拟定的系列标准来选择绳索救援技术的。同欧洲相比,北美绳索救援活动中更加注重消防员之间的合作,通过共同努力才能够对相关设备进行快速架设。《事故技术搜索与救援的操作与训练标准》(NFPA 1670—2004)是开展北美主流绳

索救援技术训练的主要依据,通常包含Ⅰ、Ⅱ、Ⅲ三个等级。高级、中级的专业人才在日常训练中只需专注绳索救援技术及相关的一些辅助技术的训练。

　　北美救援绳索使用的安全绳要符合 NFPA 1983 标准。该标准对安全绳性能只有最低破断负荷、延伸率、耐高温性能等3项技术指标要求,规定绳索直径范围从 7.5～16 毫米,每隔 0.5 毫米为一个绳索直径尺寸。目前,北美绳索救援技术体系主要使用最低 1/2 inch(12.7 毫米)直径的静力绳作为救援主绳,最低破断负荷 (MBL)为 4 000 千克。

图 1 - 2 - 3　北美技术示例

　　相较之下,北美 12.7 毫米的静力绳线密度较大,绳索装备较重,操作救援较笨重,绳索过硬而不易打结,且绳结内空隙较大,影响绳结强度及救援效率,尤其是使用一段时间后绳索打结问题更为明显。与之配套的救援设备也相对笨重。欧洲使用的 10.5～11 毫米的静力绳配套装备则更加轻量化、高效能,且更加安全。

三、学习新的绳索救援技术的意义

　　目前,我国部分消防救援队伍还在使用 2000 年以后从日本引进的螺旋绳技术,采用的多为 12 毫米的螺旋绳,其外层没有护套保护,容易老化,救援时易发生磨损,尤其不适合高空的绳索救援。

此外,该绳索与其他满足欧盟 CE 标准的绳索配套装备也不匹配。

在绳索救援领域,国内装备已远远落后,需要及时进行更新换代。目前,我国大多救援队已引入欧洲 IRATA 技术和北美绳索救援技术,实践操作后最终选择了欧洲的 IRATA 救援技术。从欧洲与北美救援装备和技术来看,欧洲 IRATA 技术体系的绳索救援技术将最终取代北美绳索救援技术。使用轻量化的满足欧盟 CE 标准认证的绳索,是我国救援绳索领域未来的一大趋势。

引进先进技术的关键,是引进先进的意识。先进的意识到位了,理念更新了,其他的具体工作才能及时跟进。在我国消防员的训练项目中,可把 IRATA 的救援技术和理念整合到训练大纲中,并制定出适合我国当前消防体制和基本国情的训练体系,确保救援技术能始终保持先进。同时,重新编制高空救援装备建设标准,并施行定期更新和完善的制度,两者共同促使绳索救援训练的顶层设计明晰有序、完善精准。

第三节 风险管理及规范要求

一、风险管理

风险管理(Risk Management)是指在救援现场以合理、可行的方式降低风险发生概率及严重程度,排除不可控因素,执行并定期检查调整,对于风险发生后的伤害予以积极处理,减少损失。

"安全"永远是我们首要考虑的问题! 在开始进行救援任务前,我们都要熟知以下几点:

1. 救援任务的关键问题是什么?

2. 整个救援行动计划是什么?

3. 为什么这是最安全的救援行动计划？

4. 我们需要注意最大的风险是什么？

5. 任务中不可控的因素应如何规避？

在每次救援任务行动开始时，必须让每个人都知道救援和撤离计划。当你看到任何问题，不管大小都要大声地说出来，任何人都可以说"停止"。

二、风险评估

风险评估也可以称为工作安全分析，是对作业面进行严谨的、系统化的危害检查，这些危害会对人体、设施或财产造成损伤或损失。

在整个救援体系或任务中，我们不可能完全预测到救援场景和带来的风险，所以就需要我们在救援现场进行现场的风险辨识与评估，依据现场情况来进行任务处置分工并且设置多套救援方案。

1. 基本风险

如指挥失误、能力不足、操作不当、人员坠落的风险。

2. 环境风险

如恶劣气候、高空坠物、结构强度、危险边缘、危险动物等造成的风险。例如极端天气下救援时需要观察天气情况；在山岳救援时突然遇到雷雨天气时要注意山洪，做好预防措施，并执行备用方案。

| 山洪风险 | 漏电风险 | 落石风险 |

图 1 - 3 - 1　环境风险

3. 间接风险

指地面湿滑、温度变化、丧失视觉、太阳灼伤、人员疲劳等相对较小的风险，但是也有可能造成人员坠落。因此我们救援时需要确定救援操作面，清理预估风险，保证作业面绝对安全并设立警戒区域划分，明确把危险区域、救援区域、自我限位措施等传达到每一位队员。

4. 延伸风险

发生坠落后，人员长时间悬挂在空中造成的悬吊创伤所带来的风险等。

图 1-3-2　悬吊创伤风险

三、风险应对措施

1. 识别危害，即发现、确认和描述危害的过程。通过信息收集发现危害，把识别出的危害写出来或是确认。

2. 识别受危害对象，包括人和物。要对整体的所有可能会受到伤害的对象进行判断，对人员的伤害，对自然环境的伤害等。

3. 风险分级。因为伤害和风险具有差异性，因此要对它进行评估，确定不同级别的风险等级，采取不同的措施进行风险应对。

比如疫情期间佩戴口罩这一措施,随着接触的人员多少,进入的场所不同,风险也会不断发生变化,我们可以将风险像图 1-3-3 一样进行分级,确定采取哪个等级的自我防护。

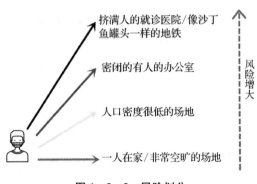

图 1-3-3　风险划分

4. 同一个危害,对不同能力对象来说,风险程度也不同。比如 400 米救人疏散物资训练项目中,身体瘦小和身体强壮的人他们的表现是完全不同的,起假人的时候,对瘦小的人来说发生腰椎受伤的风险就大于身体强壮的人。

四、风险评估方法

(一) 现场观察法

它适用于各种救援场景及任务开展中,安全员先前往现场进行观察、分析,然后对现场的危害和风险进行安全评估。

此法的优点是特别灵活,各种灾害现场都能使用;缺点是不适合复杂的环境,一个人很难做出全面评估,同时要求安全员必须有丰富的经验,且能够结合现场获取的信息进行分析。

通常在消防队站里,这项工作都是指挥员和安全员来完成,统称为安全侦察。

（二）安全检查表法

该方法一般针对一系列的救援体系,根据安全检查表格进行安全检查登记,做出相应的风险分析。比如 PPE 安全检查表(表1-3-1)。

表 1-3-1　PPE 安全检查表

项目												
检验准则: (A) 个人防护装备安全检查,确保缝线处于良好状态,不会脱落或解开; (B) 检查胶带,确保无磨损、切割、热污染和化学损害; (C) 检查标识标签,确保其存在且可读。												
名称	内部编号	品牌	供应商	破断负荷	长度	有效期	出厂编号	购买日期	第一次使用日期	上次检查日期	本次检查日期	状态

此表优点是涵盖全面,操作简单;缺点是灵活性不足,无法发挥检查者的主观能动性。

（三）故障类型及影响分析法

该方法主要是根据事故报告进行风险评估,一般消防队站主要通过战评总结来进行风险评估,因此每战必评特别重要。哪怕是简单的救援现场,通过战评总结同样能让消防指战员拥有打一战积累一战的经验。

（四）LEC 评价法

该方法采用与系统风险有关的三种因素指标值的乘积来评价操作人员伤亡风险大小,这三种因素是:L(Likelihood,事故发生的可能性)、E(Exposure,人员暴露于危险环境中的频繁程度)和 C(Criticality,一旦发生事故可能造成的后果)。给三种因素的不同等级分别确定不同的分值,再以三个分值的乘积 D(Danger,危险性)来评价作业条件危险性的大小。

对以上三种因素分别进行客观的科学计算,得到准确的数据是相当烦琐的过程。为了简化评价过程,可采取半定量计值法,即根据以往的经验和估计,分别对上述三种指标划分不同的等级,并赋值。具体如表 1-3-2。

表 1-3-2　半定量计值法确定风险等级

分数值	事故发生的可能性(L)	分数值	暴露于危险环境的频繁程度(E)	分数值	发生事故产生的后果(C)
10	完全可以预料	10	连续暴露	100	10 人以上死亡
6	相当可能	6	每天工作时间内暴露	40	3～9 人死亡
3	可能,但不经常	3	每周一次或偶然暴露	15	1～2 人死亡
1	可能性小,完全意外	2	每月一次暴露	7	严重
0.5	很不可能,可以设想	1	每年几次暴露	3	重大、伤残
0.2	极不可能	0.5	非常罕见暴露	1	引人注意
0.1	实际不可能				

本方法主观因素较多,主要根据安全员的经验和能力以及对现场的观察,才能大致打分,不同的角度会有不同的分数。

IRATA 也是使用数字来量化这些概念,数字越大意味着越严重,并用公式:风险＝可能性×严重性,来确定风险指数。

表1-3-3　风险指数评分表

风险指数	建议的行动
低风险(1～6分)	风险状况可以接受,但是依然要考虑任务中能否进一步降低风险
中风险(8～12分)	可能被接受的风险状况,任务开始前应该重新制定涉及的危害,并将风险进一步降低,在咨询过专业人员和评估团队后需要相应的管理授权
高风险(15～25分)	不能被接受的风险状况,任务开始前必须被重新制定,或更进一步的控制措施以便降低风险。

(五)预防措施

风险评估完成后,要依据优先级采取措施对风险进行处理,主要有以下几种处理方式:

1. 风险移除。比如绳索救援时,环境周围有一块石头,可能会掉落伤害到下方的人员,最直接的方式就是移除这个风险,避免它成为一块落石。

2. 选择低风险方式作业。比如水域救援时,若是有条件使用竹竿对水中的待救援者进行施救,那么救援人员可以不用下水,从而降低救援风险。

3. 防止接近危险。比如绳索救援时,环境周围有一块石头,可能会掉落伤害到下方的人员,没办法将它移除,那么我们可以转移救援环境,防止接近这个危险。

4. 降低暴露在危害环境下的可能或时间。比如地震救援时,有时要通过滑坡或是落石区域,这时可以选择快速通过,降低暴露在危害环境下的时间。

5. 提高信息训练监督级别。为了防止危害发生,可以通过对消防指战员进行培训,或是提供更多信息告诉大家哪里可能会发生危险。比如安全信息牌,信息提醒等。

6. 加强监管。可以通过安全员进行监管,比如灭火救援现场的安全员制度，随时告知救援人员危险点，并进行提醒。

7. 加强个人防护。如果有危险和风险存在，并且无法移除，且必须要接近这个危险，那么只能通过加强个人防护降低风险。例如内攻灭火时，不管烟气大小，必须佩戴空气呼吸器。

当然，在一个复杂的绳索作业或是灭火救援行动中，并不是必须按照以上顺序依次对风险进行防范，因为大多数情况下，我们是可以选择其中的几种方法来同时降低风险的。

五、作战安全理念

（一）突然死亡原则

在绳索救援技术使用过程中，必须严格执行**突然死亡原则**，即任何情况下发生不确定因素导致操作者的失能或死亡都不会造成架设系统的瓦解或是让其他人的生命陷入危险。救援人员独立于系统外，严禁成为系统的一部分。

举例说明：当救援人员下降（习惯用手为右手的操作）使用的下降器是8字环时（8字环为无法自动制停的下降器），救援人员的右手必须紧握绳索，利用右手的紧握程度来控制下降速度，如果此时将右手完全松开绳索，即会立马出现迅速坠落造成严重伤害或死亡现象。此时，这位下降人员右手已成为系统的一部分。操作者一旦成为系统的一部分时，将会有机会遇到突然死亡原则，这位下降人员可能因为种种原因突然失去意识或者短暂昏迷（例如被上方物体砸中头颈部或是自身疾病引起的原因），而在右手松开的一瞬间下降系统将会瓦解，操作者便会发生致命伤害。

（二）"3S"救援理念

"3S"是绳索救援技术的基本理念，也是国际公认的救援理念，分别为**安全**（Safe）、**迅速**（Speed）、**简单**（Simple）。和以往的个人英雄主义理念不同,这更突出强调了个人的安全。

（三）绳索技术作业时的操作规范要求

1. 所有参与救援人员都需十分熟练掌握绳索救援技术及相关器材装备的性能参数,明确个人的分工和职责,时刻保持团队的默契配合。

2. 救援过程中,必须保证全程穿戴好个人防护装备,并设置安全员对环境实时监测、评估,研判现场区域的地形、气候、风速、视线等环境和不可控因素。区域较大时应多点设置安全员并保持信息畅通。

3. 救援前应先拟定安全计划,人员发生突发被困意外情况时,要有机动力量处置紧急救援或协助脱困的方案。

4. 选择绝对安全的固定点并设置 2 个以上的锚点,设置时注意锚点的受力方向及受力角度。

5. 使用绳索装备器材前应详细了解其注意事项及性能参数,并按作业环境正确合理地选择适合作业现场的绳索救援装备。搭配使用机械抓结、上升器、下降器和咬绳器,要选择合适绳径的绳索,要注意绳索的兼容性,提高效率,确保安全。

6. 尽量选用长度足够的绳索实施救援,若绳索长度不足,必须严格按照规定采用合适的接索结连接绳索,救援人员必须熟练掌握绳结技术。绳索结索时,结法必须正确,做到易结、易解、不易滑脱、容易辨识,所有绳结再拉紧后,绳尾必须预留 10～30 cm,绳结操作完毕后再解开。

7. 绳索在遇有柱体、窗沿、墙壁等有棱角位置时,需用岩角保护器、护绳套、水带皮、衣物或毛巾等物体垫于下方,避免绳索磨损。

8. 绳索使用前应先理顺,避免使用过程中有绳索缠绕现象,绳索有扭转现象时要注意顺绳。绳索架设或救援时要采取双绳以上系统多重保护,不同系统使用不同颜色的绳索,以便直观识别;选择多重固定点时,注意均衡受力;架设完毕后必须实施最后的安全总检查(固定点检查、系统检查、救援人员着装检查);制作备用系统,以便在紧急情况下可以随时提拉(下放)伤员或救援人员。

9. 在绳索系统操作过程中要充分考虑救援人员的安全保护和防坠落措施,确保人员在救援过程中,发生任何失误或意外导致失手时,绳索系统不会瓦解或造成坠落伤害。

10. 运用主锁操作绳索时,要注意根据实际情况选用不同类型的主锁,注意锁门方向,任何时候都必须确保锁门关好并上锁。救援中要随时注意绳索的外观、强度及安全性,切勿粗心大意,严禁踩踏绳索。避免绳索直接受到重力冲击导致其磨损,另外,长时间超负荷承重或承受超过其最大负荷重量,也会导致弹性疲乏。

11. 使用后要解开绳子上所有的结,每次使用前后均要详细检查绳索,包括表面有无割伤、破损、硬化、严重磨损、欲断、扭曲、变形严重、表面起毛、化学性损伤痕迹、发霉气味、出现褐色斑点、绳皮上出现模糊颜色等现象,用手触摸有无隆起、疏松、碎屑或碎玻璃等尖锐物。绳索产生变形、变质、表面起毛或有明显松动现象时不可继续使用。绳索泡水后应使用阴(吹)干的方式处理,不可直接在阳光下曝晒。

12. 存放时要检查绳索有无断裂、磨损及起毛,并收捆整齐放置于室内阴凉、通风良好、不受日光直接照射的场所。用绳袋收纳时,注意保持干燥,防止受潮,绳袋上方不可放置重物。有污损时,应及时用清水或中性洗洁剂清洗,将其阴干,不可直接在阳光下曝晒。

13. 放置绳索应远离油质、药品、化学物质、铁锈、电池和以汽油为动力燃料的机器工具等物品。每条绳索都应配置"绳索保管卡"(或标示于绳袋上),用以记录绳索的检查情况和使用年限,以便救援人员随时可以了解绳索的基本资料和使用情况。

第二章　绳索技术的安全措施

第一节　安全救援前的准备

在展开绳索训练或救援前，身体的大部分关节需要充分地活动，以免在训练或救援过程中受伤。那么，如何充分地活动开身体的各个部位呢？可扫右侧二维码，观看安全救援前的热身、身体动态拉伸、心肺激活以及训前活动方案准备相关的内容及视频演示。

● 拓展阅读

第二节　预防坠落的措施

一、坠落风险

当人站在高处并靠近边缘时，坠落的风险就会存在，想要降低风险，首要工作就是找出造成风险的根源，但在很多现实的情况里，隐患是根本无法排除的。因此我们必须接受隐患存在的现实条件，并实施相关措施降低发生意外的可能性。

（一）限制工作范围

我们可以使用个人绳索保护装备以限制人员进入危险区域的措施，使人员无法靠近可能发生坠落的边缘位置。其概念是将人员"绑住"以限制其活动范围。

图 2-2-1　限制工作范围

（二）坠落滞停

图 2-2-2　坠落滞停

一般利用一套绳索保护系统，承受人员坠落时的部分冲击力，避免人员直接撞击地面或附近的结构，这是一种限制坠落距离的措施。

注意：人员必须配备安全吊带，才可自由地进入危险区域。在此情况下，坠落风险的概率并没有降低，只是一旦发生坠落时，可以保证人员不至于撞击地面。

二、坠落系数

这里引入**冲坠系数**的概念，冲坠系数（FF，Fall Factor）也称坠落系数，代表着一次坠落的强度，用以描述操作人员与固定点（锚）的相对位置以及坠落严重程度，坠落系数越大，发生的坠落就越严重。计算方法为坠落高度除以有效绳长，即

$$冲坠系数(FF)=\frac{坠落高度(H)}{有效绳长(L)}$$

例如80 kg时

JANE 或PROGRESS 挽锁没有势能吸收能力

备有ABSORBICA势能吸收器的挽锁

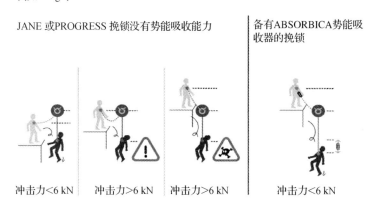

冲击力<6 kN　　冲击力>6 kN　　冲击力>6 kN　　冲击力<6 kN

图 2 - 2 - 3　坠落系数伤害

注意：人体在任何时候都不应承受 6 kN(千牛顿,1 kN≈102 kg)或以上的下坠冲击。

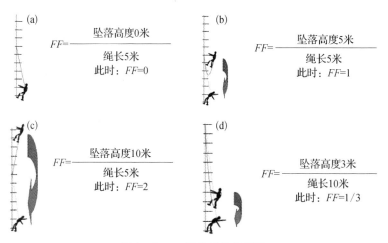

(a) $FF=\dfrac{坠落高度0米}{绳长5米}$ 此时：$FF=0$

(b) $FF=\dfrac{坠落高度5米}{绳长5米}$ 此时：$FF=1$

(c) $FF=\dfrac{坠落高度10米}{绳长5米}$ 此时：$FF=2$

(d) $FF=\dfrac{坠落高度3米}{绳长10米}$ 此时：$FF=1/3$

图 2 - 2 - 4　冲坠系数的图示

（一）高空救援的安全措施要点

1. 坠落的预防；

2. 坠落的制停/保护；

3. 绳索技术。

（二）影响坠落冲击的因素

1. 坠落系数（与固定点的相对位置）上升，坠落冲击也上升；

2. 救援者重量（包含装备）上升，坠落冲击也上升；

3. 绳索的弹性下降也会造成坠落冲击上升。

第三节　坠落带来的伤害

一、冲击伤害

在坠落的情况下，人体不能承受超过 6 kN 的冲击力。强大的冲击力会对人体及固定点带来伤害。

预防措施：减少坠落距离（系数）、止坠器愈高愈好、使用势能吸收器、止坠器连接点不得高于固定点（防坠器）、防坠器（安全点）不得低于胸口连接点。

二、净空距离不足

人员坠落制停措施是否有效，下放净空距离是一个关键因素。净空距离是指固定点至地面、附近物件的距离。若要避免这些危险须考虑若干因素，如绳索与缓冲装置的种类、现场环境等。

预防措施：保护点应该装备愈高愈好、地面放置保护垫、移开障碍物、设置净空距离标志、预防性架设绳索、避开障碍物等。

净空距离　　　　　　　　忽视净空距离

图 2-3-1　坠落制停需要的有效距离

三、失控摆荡

失控的摆荡会撞击附近结构或地面,布设的绳索也可能通过锐利边缘(墙角、工字钢边缘、岩石等)。经过专业测试,发生摆动后绳索(10.5 mm)负重 80 kg 情况下,一般摆荡 6 次左右绳索即会被割断,如图 2-3-2。

锚点

45°

失控摆荡风险

图 2-3-2　失控摆荡

如何避免失控摆荡呢?

1. 确保绳及救援绳不应架设太远;

2. 将障碍物采取防护措施;

3. 移开障碍物;

4. 架设预防性绳索,避开障碍物。

四、悬吊创伤及返流综合征

悬吊创伤也叫"安全带悬吊综合征",坠落制停措施的作用是避免人员撞击地面,以及通过缓冲装置使冲击力对人体的伤害降低。但是在坠落之后,若人员处于没有动作的悬吊状态,身体可能会出现若干生理和血液循环问题,这就是悬吊创伤。

图 2-3-3
悬吊创伤

图 2-3-4
返流综合征(悬吊)

图 2-3-5
返流综合征(平躺)

悬吊创伤一般不会在清醒而保持活动的人体上发生,但对于一个处于静止状态的人来说,悬吊创伤发生的概率就相当大,并且容易致命。因此,救援人员必须训练有素,以最短的时间施行自救或对他人的救援。

10分钟的救援时长,被困者困于腿部的血液就可能出现了问题,如果放任其快速回流至脑部,甚至有可能造成被困者死亡,这就是**返流综合征**。

如果救援时长长达10~20分钟或更长,积聚在腿部的血液已经"瘀结",血液中的氧气耗光,二氧化碳饱和。血液中产生许多脂肪分解的有毒废物,释放出肌红蛋白、钾、乳酸及其他一些有害物质。此时若将伤者腿部抬高,血液中的各种有害物质会通过血液的快速流动到达身体各个部分,心脏有可能因此停止工作,内脏器官(特别是肾)可能受损。因此我们必须避免这种已经"瘀结"的血液在身体内的快速流动。

救助措施:① 将被困者救至地面后控制下降设备,避免伤者身体在回到地面后呈平躺状态。因为任何刚从悬吊困境解救下来的被困者,尽量保持坐姿30分钟或更长。救助现场可使用吊索、绳子、椅子等物件使伤者保持坐姿,我们尽量避免任何人将伤员放置在手推车或病床上(图2-3-5)。在运输过程中,也尽量要让伤员保持坐姿。另外,普通的急救护理原则是不行的,因为这并不是"昏厥"。心肺复苏法是普通急救护理原则中唯一能用到的一条。

② 根据英国健康与安全实验室(HSL)进行的文献研究和评估中给出的建议(HSE/RR708关于悬吊创伤急救措施的现行指南循证审查):全意识伤员可以躺下,半意识或无意识伤员可以放在恢复位(也称为开放气道位)。这与之前的建议不同。

总结:以上救助方式有争议,要视实际情况而采取措施。因为在实战救助过程存在现场环境带来的潜在危险,所以在现场要综合被困者的悬吊时间、伤情来决定处置方式,临床经验要与现场救助情况做对比。总之,只要能够保护被困者,维持其生命体征,给予其生命支持就是最好的救助。

五、其他风险

除了上述提及的伤害风险,还存在其他的间接风险和环境风险。比如间接风险有操作人员的个人状况不佳(过度疲劳、身体不适、突发疾病、心理问题等),操作人员不具备合格的救援技术水平导致的操作失误、违规作业等,以及装备器材有问题(鞋靴抓地力差易打滑、器材存在质量问题未发现、器材临时损坏的突发情况)等。环境风险有恶劣气候条件(可能造成中暑的高温天气、大风雷雨等),现场救援条件(高空救援环境是否稳定牢固、锚结构强度是否足够、现场沟通是否会受到限制等),救援行动场地(是否有足够的操作空间、有无高空坠物、有无塌陷坠落风险、受限空间有无有毒有害气体、周围有无高压电线、有无危险动物等)。

第三章 绳索装备介绍

第一节 标准及认证机构

　　器材的安全使用是建立在坚持原则的基础上的,必须规范正确地使用器材。由于器材种类繁多,在此仅介绍安全使用器材所需掌握的基本标准及配备原则。器材的使用范围和注意事项已在说明书中明确指出,在实际使用前必须认真阅读每个部件的产品说明书。

一、配备的标准

　　我国的救援绳索采用的标准为 GA 494—2004《消防用防坠落装备标准》,借鉴了北美 NFPA 1983 标准,安全绳性能要求也只有最低破断负荷、延伸率、耐高温性能等 3 项技术指标,安全绳直径范围为 9.5～16.0 毫米。GA 494—2004 标准中并没有明确区分静力绳和动力绳,对绳索的性能指标要求过低,远远不能满足实际救援工作的需求。

　　使用高空作业器材装备前,应当认真阅读有关的产品说明文件以及了解器材的使用年限、负荷情况,从而避免因错误使用而产生意外。更重要的是专项的技术不可或缺,单靠阅读说明书或产品目录不得作为学习绳索救援技术的方法,在使用前应学习配备的标准。

二、绳索救援装备认证标准机构

1. CE-欧洲标准委员会（CEN/CE/EN，The European Committee for Standardization）

（1）CE 标志证明质量合格的含义

构成欧洲指令核心的"主要要求"，在欧共体 1985 年 5 月 7 日的（85/C136/01）号《技术协调与标准的新方法的决议》中对需要作为制定和实施指令目的"主要要求"有特定的含义，即只限于产品不危及

图 3-1-1　CE 标识

人类、动物和货品的安全方面的基本安全要求，而不是一般质量要求，协调指令只规定主要要求，一般指令要求是标准的任务。产品符合相关指令有关主要要求，就能附加 CE 标志，而不是按有关标准对一般质量的规定裁定能否使用 CE 标志。因此准确的含义：CE 标志是安全合格标志而非质量合格标志。

例如，一个带有 CE 标志的风筝，并不意味着能飞得好，而只表明该风筝符合安全规定。

（2）EN 标准的含义

欧洲标准（EN，European Norm）。按参加国所承担的共同义务，通过此 EN 标准将赋予某成员国的有关国家标准以合法地位，或撤销与之相对立的某一国家的有关标准。也就是说成员国的国家标准必须与 EN 标准保持一致。

（3）救援装备上的标注

根据欧盟指引 89/686/EEC(EC Directive 89/686/EEC)，所有绳索救援装备均需独立附有一份技术说明。主要包括以下内容：

① 制造商及制造日期（Manufacture and Produce Date）；

② CE/EN 标记(CE/EN Mark)；

③ 使用说明、储存、维护(Use，Storage and Maintenance)；

④ 与其他装备兼容性(Compatibility with other products)；

⑤ 使用限制(Limitation of use)；

⑥ 寿命(Lifetime)；

⑦ 独立身份识别号码。

装备的独立身份识别号码(14329FJ3616)主要含义：

图 3-1-2　装备上的独立身份识别码

"14"为生产年份；"329"为当年的生产天数；"FJ"为与制造相关的品牌编码；"3616"为独立身份识别码。

2. 国际攀登联合会(UIAA，Union International Alpine Associations)

UIAA 是国际间公认的有权威能为攀岩器材订立标准的组织。UIAA 标识(图 3-1-3)是指这项产品通过 UIAA 规定的测试，并达到 UIAA 所定的标准。

图 3-1-3　UIAA 标识

3. 美国保险商实验所(UL，Underwriters Laboratories Inc)

UL 认证(图 3-1-4)由全球检测认证机构、标准开发机构的美国 UL 有限责任公司创立。自 1894 年成立，UL 迄今发布了将近1 800部安全、质量和可持续性的标准，其中70％以上成为美国国家标准，并且 UL 也是加拿大国家标准的开发机构。

图 3-1-4　UL 标识

4. 美国防火协会(NFPA，National Fire Protection Association)

NFPA 包含两个意思，一是指"美国消防协会"(又译"国家防火委员会")，成立于 1896 年，旨在促进防火科学的发展，改进消防技术，组织情报交流，建立防护装备，减少由于火灾造成的生命财产的损失。该协会是一个国际性的技术与教育组织。

NFPA 的另一意思为"美国消防规范"，它包括建筑防火设计规范、灭火救援训练、器材相关规范(如 1983、1670)等，现已得到国内外广泛承认，并有许多标准被纳入美国国家标准。标识如图 3-1-5 所示。

图 3-1-5　NFPA 标识

5. 美国国家标准局(ANSI，American National Standards Institute)

ANSI 是北美的标准制定机构。由公司、政府和其他成员组成的自愿组织。他们协商与标准有关的活动，审议美国国家标准，并努力提高美国在国际标准化组织中的地位。此外，ANSI 使有关通信和网络方面的国际标准和美国标准得到发展。ANSI 是 IEC 和 ISO 的成员之一。其标识如图 3-1-6 所示。

图 3-1-6　ANSI 标识

6. 国际标准化（ISO，International Organization for Standardization）

ISO 是标准化领域中的一个国际性非政府组织。"ISO"一词来源于希腊语"ISOS"，即"EQUAL"（平等之意）。ISO 成立于1947 年，是全球最大最权威的国际标准化组织，全体大会是 ISO 最高权力机构，理事会是 ISO 重要决策机构，中国是 ISO 常任理事国，也是 ISO 的正式成员，中国国家标准化管理委员会（由国家市场监督管理总局管理）代表中国参加 ISO 的国家机构。其标识如图 3-1-7 所示。

图 3-1-7 ISO 标识

无论使用符合 CE、EN、UIAA、UL、NFPA、ANSI、ISO 所通过检验的任何装备，专业技术训练仍然绝对必要，对装备的误用或是对系统的误解都有可能导致严重受伤或死亡。因此绳索救援专业技术训练必不可少。

表 3-1-1 是运动及工业领域常见使用装备器材认证标准。

表 3-1-1　运动及工业领域常见使用装备器材认证标准

运动领域认证标准		工业领域认证标准	
EN 564 (UIAA 102)	登山装备辅绳	EN 341	个人坠落保护装备救援下降器
EN 565 (UIAA 103)	登山装备散扁带	EN 353	高空防坠落个人保护装备跟随游走止坠器
EN 566 (UIAA 104)	登山装备扁带环	EN 354	高空防坠落个人保护装备挽索
EN 567 (UIAA 126)	登山装备抓绳器	EN 355	高空防坠落个人保护装备势能吸收器
EN 568 (UIAA 151)	登山装备冰上锚点	EN 358	工作定位和防坠落的个人保护装备工作定位腰带和限制及工作定位挽索

续　表

运动领域认证标准		工业领域认证标准	
EN 569 (UIAA 122)	登山装备岩钉	EN 361	高空防坠落个人保护装备全身安全带
EN 892 (UIAA 101)	登山装备动力绳	EN 362	高空坠落个人保护装备锁扣
EN 893 (UIAA 153)	登山装备冰爪	EN 363	高空坠落个人保护装备止坠系统
EN 958 (UIAA 128)	登山装备用于铁道式攀登（飞拉达）的势能吸收器系统	EN 364	高空坠落个人保护装备测试方法
EN 959 (UIAA 123)	登山装备岩石锚点	EN 365	高空坠落个人保护装备使用说明、维护、周期检查、修理、标记和包装的通用要求
EN 12270 (UIAA 124)	登山装备岩楔	EN 388	机械损伤保护手套
EN 12275 (UIAA 121)	登山装备锁扣	EN 397	工业安全头盔
EN 12276 (UIAA 125)	登山装备摩擦（制动）锚点	EN 795	个人坠落保护装备锚点装备
EN 12277 (UIAA 105)	登山装备安全带	EN 813	高空防坠落个人保护装备坐式安全带
EN 12278 (UIAA 127)	登山装备滑轮	EN 1497	救援装备救援安全带
EN 12492 (UIAA 106)	登山装备头盔	EN 1498	个人防坠落保护装备救援环
EN 13089 (UIAA 152)	登山装备冰镐	EN 1891	高空防坠落个人保护装备低延展性夹芯绳
EN 15151 (UIAA 129)	登山装备制动器	EN 12841	个人坠落保护装备绳索前进系统绳索调节器（A:止坠器,B:上升器,C:下降器）

第二节　装备基础知识

一、个人救援装备(PPE)

PPE 的个人保护装备包括头盔(EN 12492)、全身式安全带(EN 361)、胸式上升器(EN 567,约 4 kN 会抓破绳皮)、移动止坠器/势能缓冲包(EN 353-2、EN 12841/A)、手柄上升器(EN 567、EN 12841/B,约 4 kN 会抓破绳皮)、自动制停下降器(EN 341、EN 12841/C)、主锁(EN 362)、牛尾绳(EN 354,动力绳 EN 892 制)、低弹性绳(EN 1891,静力绳)。个人救援装备没有固定统一的标准要求,但不同团队应依据个人操作使用和救援现场的需求来进行选配。

蓝鹰绳索救援队经常性战备的个人绳索装备如图 3-2-1所示:

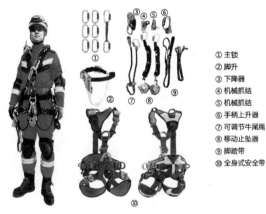

① 主锁
② 脚升
③ 下降器
④ 机械抓结
⑤ 机械抓结
⑥ 手柄上升器
⑦ 可调节牛尾绳
⑧ 移动止坠器
⑨ 脚踏带
⑩ 全身式安全带

图 3-2-1　个人绳索救援装备(后附彩图)

配备装备:通讯电台(1个)、防爆头灯(1个)、安全带(1条,配备胸式上升器1个)、主锁(13个)、短连接(1条)、止坠器(2个)、势能缓冲包(2个)、自动制停下降器(1个)、手柄上升器(1个)、可调节牛尾绳(2根)、脚踏带(2条)、脚踏上升器(1个)、3米直径6毫米辅绳(1根)。

个人防护类:头盔(1顶)、护目镜(1副)、救援服(1套)、救援靴(1双)、护肘护膝(1对)、防护手套(1双)。

以上救援装备能够满足一般绳索救援需要,在复杂环境下,需根据团队和救援现场情况增加其他救援装备。

(一) 头盔

用途 用于救援人员佩戴,防止高空坠物下降过程中头部和作业面的碰撞,有效降低头部和颈部受到的冲击伤害。

特点 透气性、舒适性、美观性。

结构 盔顶、大小调节器、下颚调节带、透气孔、头灯夹。

组成 整个头盔拥有12个带滑动百叶窗的通风孔,可在戴头盔时根据需要调节通风,六点式纺织物悬架内衬完全贴合头部的形状,两个侧面调节轮使头盔在头部上完美居中。

类型 破碎式和抗冲击式。

破碎式 依靠外壳和内层的泡沫破碎和变形来吸收冲击力(图3-2-2(a))。

抗冲击式 外壳厚重,内部有防坍塌(图3-2-2(b))。

(a)   (b)

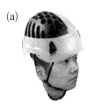 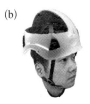

图3-2-2 头盔

佩戴方式

1. 佩戴时，帽檐与眉同高，并整理帽带，完全卡锁（图 3-2-3）；
2. 利用左右两边调节滚轮来调整大小、舒适度；
3. 安装耳罩、护目镜、头灯时，应利用专用螺丝拧紧。

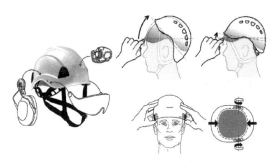

图 3-2-3　头盔佩戴方式

技术参数

头盔重量为 485 克，外壳由丙烯腈丁二烯苯乙烯材料制成，强度大约为 5 千克物体从 2 米高的地方降落所能承受的冲击能力（$G=mg$，g 一般取 9.8 N/kg；$W=Gh$，即可计算出强度）。

（二）安全带

由于人体自身的重量和坠落的高度会产生冲击力，人体重量越大、坠落距离越长，作用在人体上的冲击力就越大。

用途　通过安全绳、安全带、缓冲器等装置的作用吸收冲击力，将超过人体承受极限部分的冲击力通过安全绳、安全带的拉伸变形，以及缓冲器内部构件的变形、摩擦、破坏等形式吸收，最终作用在人体上的冲击力在安全界限以下，从而起到保护操作人员不坠落、减小冲击伤害的作用。

特点　通过了北美得标准认证。国际版具有带 FAST 自动扣的腿环。每个肩带上的防坠落挂绳上的连接器使用户不受挂绳的

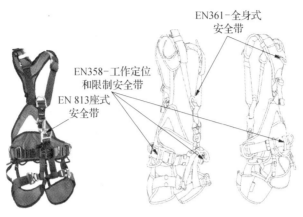

图 3 - 2 - 4　安全带

束缚,并使连接器保持触手可及。万一跌落,系统会释放连接器并允许展开势能吸收器,肩带单侧可打开,便于穿着。跌倒指示器:跌倒后,在背侧附着点上出现一条红色的皮带,表示应将安全带褪下。

组成　五点式全身安全带,内置集成一体式胸式上升器,腹部连接点可打开,方便连接挽索、上升器等;半硬式、宽大的腰带和腿环,使用透气泡棉作内衬,提高悬挂时的舒适度;配有双保险卡扣。腿环备有自动上锁扣,后背(腰带和腿环之间)带有自锁扣;配有五

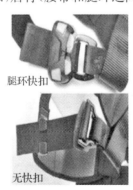

腿环快扣

无快扣

腰部受力点　　　　　　　　　　　　　　　　　　胸部连接点

图 3 - 2 - 5　安全带结构

个备有保护套的成形工具环,两个工具挂环槽,两个工具包连接点,配有携带工具架凹槽,配有预设型胸式上升器的链接,使上升承载受力时更加安全。

佩戴方式

1. 检查安全带制造生产日期,从上至下,从左到右检查安全带主受力编织带是否完整无破损及金属配件快速插口无变形裂痕,处于完整好用状态。主受力编织带缝合线无破损炸裂;

2. 整理安全带,将扣件打开,两个肩带垂直提起,保证安全带垂直向下,并将肩带、腰带、腿带全部调成最松状态;

3. 从肩带穿入,从下至上依次以肩带、腰带、腿带。随后按照腰带、肩带、腿带的顺序进行收紧并依次整理好多余安全带;

4. 背部 A 点受力状态分析,如图 3-2-6 所示。

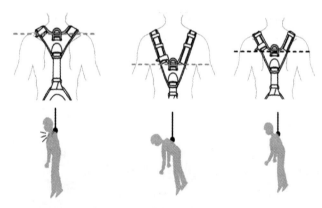

图 3-2-6 背部 A 点受力状态

技术参数

颜色:黑黄;

重量:2480 克;

认证:CE/EN 361,EN 358,EN 813,EN 12842 type BEAC;

腰带调节范围:60～100 厘米;

肩带调节范围:70～110 厘米;

腿带调节范围:60～90 厘米。

(三) 夹绳器

夹绳设备是救援人员在上升、提拉、微距下降、行进过程中的重要设备,在绳索装备中起着"承上启下"的作用。其种类繁多,使用方法及装备兼容性是我们学习绳索救援装备必须掌握的重要知识点。

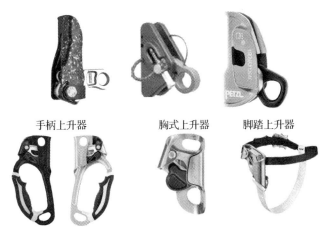

手柄上升器　　　　胸式上升器　　　脚踏上升器

图 3 - 2 - 7　夹绳器

用途　手柄上升器、胸式上升器、脚踏上升器(图 3 - 2 - 7)主要用于个人上升时夹绳使用。机械抓结(挤压类器材)主要使用于提拉主绳和设置承重锚点时使用。

特点　安装方便、使用效率高、承载等多种功能。

技术参数

1. 材料为铝、不锈钢和尼龙,可兼容 8～13 毫米直径绳索,最大负重 140 千克,重量为 85～140 克,颜色为黑色、白色和金黄色。

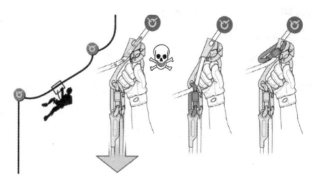

图 3-2-8　夹绳器使用方式

2.认证 CE/EN 567、CE/EN 12841、NFPA 1983,类型为 B类。

注意事项

1.手柄上升器及带齿状物的夹绳器斜角度上升时需要设置安全线位,防止脱离绳索;

2.齿状物不能作为主绳的承重点或人员的止坠装备(因为超过 4 kN绳皮会被抓破,导致器材失效);

3.机械抓结使用时要注意绳索的兼容性,保证在规定使用范围内。

(四)移动止坠器

移动止坠器分为齿轮和挤压两种类型,并且与势能吸收包和牛尾绳搭配使用,主绳断裂或失效时,辅绳起到保护作用。

用途　安全绳通过止坠器与安全带的胸部或背部 A点相连,让绳索上升、下降,操作更加便捷安全。使用时随时跟

图 3-2-9　移动止坠器

随作业人员上下移动,一旦发生冲坠时,立刻制停起保护作用。

特点 止坠器拥有独特锁定系统,是高空作业人员坠落保护器材的首选,设备不需要任务干预,如遇坠落冲击或突然加速时,该装备主动启动器械功能,将人悬停在空中。

组成 由止坠器、势能缓冲包、锁扣连接共同组成。

佩戴方式

1. 使用前检查外观有无划痕、并行断裂、磨损和腐蚀等现象;

2. 查看势能缓冲包图标位置,锚点端与人员连接端是否正确,并保证止坠器与势能缓冲包正确连接;

3. 使用前应安装测试装备,能否起到止锁作用,止坠器应与安全带 A 点相连,并确保冲坠时不会断裂;

4. 安装时应按照器材箭头指示方向安装,严禁反向安装,导致制停失效而发生坠落死亡危险。

技术参数

1. 该器材分为止坠器和缓冲包,两个组合使用;

2. 止坠器材料为铝、不锈钢和尼龙,颜色为金黄色,兼容 10~13 毫米直径的绳索,重量 425 克,符合欧洲 CE/EN 353 - 2 CE/EN 12841 标准,类型:A;

3. 势能缓冲包有单人和双人之分,长度分别为 20 和 40 厘米,重量分别为 125 和 145 克,质量保证期 3 年,使用寿命 10 年,材料为尼龙聚酯,最大负重 250 千克,符合 CE/EN 355,ANSI Z359 认证标准。

(五) 主锁

由铝镁合金制成,它具有 D 型、O 型、H 型、犁型、K 型等形状。特别适合连接到各种设备,例如手柄上升器、安全带、下降器上的安全连接。主轴受力强度大,型号种类繁多,符合人体工程学手柄设计。锁门方式有丝扣旋转、自动锁门、半永久性锁门、背锁锁门、偶尔操作锁门、频繁操作锁门。

图 3‐2‐10　主锁

用途　快速连接,通常用于扁带、安全带、绳子、保护器等的直接连接。

类型　各类主锁的参数及特点见表 3‐2‐1。

表 3‐2‐1　各类主锁参数及特点

类　型	图　片	参数及特点
梨型		HMS带保护铁锁标志,这类铁锁可使用意大利半扣。要求纵向拉力大于 20 kN,开门拉力大于 6 kN,横向拉力大于 7 kN。大尺寸的开口方便悬挂更多东西,如梯子横挡、栏杆、扶手等
D 型		不对称形状容易连接并且提供良好的主轴受力位置尤其适合连接器械,有优秀的拉力与重量比例
O 型		对称形状,挂接荷载受力后,荷载总是位于中间位置。对于固定工具(滑轮,绳索手柄,制动止坠器等)位置及拖拽系统的理想工具,要求纵向拉力大于 18 kN,开门拉力大于 5 kN,横向拉力大于 7 kN

续 表

类 型	图 片	参数及特点
K 型		工业及铁道式攀登用锁,要求纵向拉力大于25 kN,横向拉力大于7 kN。对于开门拉力没有要求
Q 型		钢质,强度大。用于相对长久的固定连接,如攀岩赛事中与挂片直接连接的梅陇锁
I 型		后背锁门的工业铁锁。安全扣开口较宽,设计用于连接金属结构或大直径钢缆和铁条。

注意事项

1. 保证纵向受力;

2. 使用丝扣锁时要拧紧丝扣;

3. 一定要由长边来受力,开口处切勿承担任何重量;

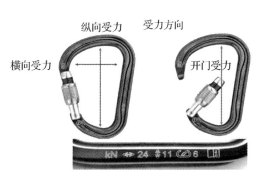

图 3-2-11 锁的受力方向

4. 不要捡拾别人的锁使用,尽量使用自己的主锁;

5. 尽量避免坠落,若坠落高度超过 8 米,并撞击到硬物,则不能再次使用;

6. 不建议直接连接金属物体,金属之间的相互作用将会产生较大的应力。对装备产生破坏,但与保护点的直接连接除外(例如扣入挂片);

7. 使用过程中,要经常检查铁锁的位置、锁门,因为许多操作都极易使锁门被蹭开;

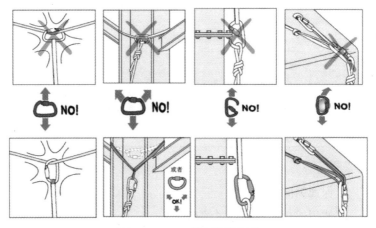

图 3-2-12　锁扣注意事项

8. 锁门开口一侧要避免与绳子接触;

9. 受力后不得与岩石、硬物撞击,要合理选择连接位置;

10. 不要与化学药品、试剂接触;

11. 使用后要进行检查,长时间储存需要将其清洁;

12. 如果铁锁在雨、泥、冰雪环境中使用后,一定要及时检查,尤其是锁门的部位,一些小的泥沙容易落入锁门的丝扣中,如不及时清理,时间久了就会把丝扣磨光而不起作用;

13. 清洗主锁时要使用低于 40 ℃的温水,清洗后要自然干燥;

14. 应在干燥通风处存放,不要在热源附近或潮湿的地方放置过久;

15. 特殊主锁要参照说明书使用与保养。

(六) 自动制停下降器

自动制停下降器,即当操作人员在任何原因(如暂停、撞击、惊慌等)导致操作松手时,下降系统会自动停止并保持的状态,自动制停下降器不违反"突然死亡原则",安全性较高。绳索标准装备C(EN 12841)是一种用来规范绳索调节装备的标准,此标准中类型C则是用来规范下降器,编号为12841,类型C的标准则定义为此项装备在下降时利用绳索摩擦力所产生的减慢效果,也就是我们一般所称的下降器。EN 341的标准是用来规范救援时的下降器,这类型的下降器也都是利用绳索摩擦力所产生的减慢效果,并且具有自动制停的能力。

用途

1. 通过操作下降器的多功能手柄,使用者能够控制下降并到达工作站的指定位置。如果使用者操作手柄时用力过猛,其防慌乱功能会迅速停止下降;

图 3 - 2 - 13　自动制停下降器

2. 操作多功能手柄一侧的按钮可以令使用者在倾斜或水平的地形平滑地进行移动;

3. 防错误操作凸齿可大大降低因绳索在装备内安装错误而导致的意外情况。移动侧板可通过丝扣进行锁定,这使得下降器成为救援套件的一部分。

技术参数

1. 下降器使用原理以中轴凸轮为主,部分下降器有防慌乱功

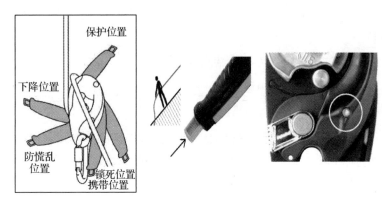

图 3 - 2 - 14　下降器部件使用

能,适合绳索直径 10.5～13 mm;

2. 下降速度允许的最大值是 0.5 m/s,并且大部分有安全开关,最大下降距离 200 m。

注意事项

1. 没有自动制停下降功能的下降器(例如八字环、鲨鱼头、ATC 猪鼻子等),将不被允许使用在绳索技术操作的系统中,因为这样会发生"突然死亡原则";

2. 在金属装备的检查上,下降器的变形与裂痕永远是最致命的杀手,确认任何一种下降器的绳索摩擦面均光滑,这些表面不应存在足以伤害绳索的刮痕;

3. 操作下降的行为把手是否可以顺利回弹,安全阀门是否可以顺利关闭,取决于下降器是否安全使用,泥沙的摩擦会造成下降器的寿命减短,因此应当定期清洁并且加入润滑油进行保养;

4. 在执行长距离下降过程中,必须时刻关注下降器的发热问题。下降速度必须严格控制,严禁过快,如下降器与绳索下降的热能无法得到释放,将会对绳索产生一定程度的伤害。

（七）牛尾绳(动力绳 EN 892、定位挽索 EN 354)

在应急救援系统中,挽索、牛尾绳经常是人与绳索系统的唯一连接,重要性不言而喻。用辅绳来做牛尾绳有冒死风险,坚决不可取,用静力绳做牛尾绳也是错误的。我们知道,静力绳在冲坠系数超 0.3 时,80 kg 重物很容易产生 6 kN 以上的冲击力,这个力量已足以让人受伤,或者导致上升器严重破坏主绳。然而救援系统在操作中,比如牛尾绳挂入锚点、长牛尾绳连接上升器央绳作为保护时,很容易出现 0.3 以上系数的冲坠可能,因此牛尾绳具有缓冲能力是非常必要的。

类型

1. 牛尾绳(定位挽索 EN 354)

菊绳、机制缝合挽索、牛尾绳有一定的缓冲能力,但并不够好,并且它们的外形结构或尺寸会带来使用不便(这些不便在救援操作中尤其明显),且必须是单绳或万用绳(绳索标志中有"①"①)来制作牛尾绳,而不能是对绳或半绳。基于对简洁的追求,我们推荐法式双牛尾绳。

配合特定的技巧,法式双牛尾绳已经无往而不利,且没有特定需求。牛尾绳并非越粗越安全,较粗的动力绳缓冲能力通常较差(首次冲击力数值偏离),如果载荷体重只有 50 千克却使用 11 毫米的动力绳,它的缓冲保护能力比静力绳好不了太多;如果载荷体重 100 千克,用 9 毫米动力绳显然又太过脆弱。

2. 牛尾绳(动力绳 EN 892)

动力绳就是具有较高的延展性的绳索,其静态延展性约为 6%～9%,动态延展性可能达到 30% 以上。我们使用它的原因是为

① 绳索标志有 3 种:"①""1/2""⓪",分别对应着单绳、半绳、对绳。

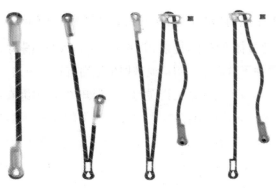

图 3 - 2 - 15　法式牛尾绳

了吸收冲击能量,以避免人体以及固定点的损伤,动力绳运用最频繁的领域是攀岩运动,因为使用者会经常性地出现坠落情况,并且坠落系数经常大于 0.33,甚至超过 1,此时动力绳成了必要的选择。

图 3 - 2 - 16　动力绳

动力绳分为单绳、半绳以及对绳三种,如图 3 - 2 - 17 所示。

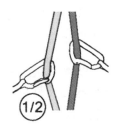

图 3 - 2 - 17　动力绳分类

1. 牛尾绳主要用于安全连接而达到保护自己的目的;

2. 一般而言,9.5~10毫米绳径的动力绳适合绝大多数人(具体要看该款绳的首次冲击力数据,如果在意牛尾绳的耐用性,还要看冲击次数数据);

3. 牛尾绳的绳结。短牛尾一端推荐桶结,它受力收紧后能紧固住锁扣,避免遗失;长牛尾端连接安全带一端,推荐反穿8字结。绳结要简洁紧凑,注意这里桶结需要仔细确认,绳尾预留10厘米。

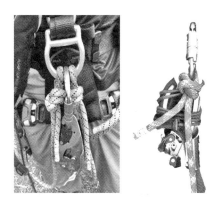

图 3-2-18　牛尾绳的绳结(后附彩图)

特点

1. 定位挽索:有两种款式:一种双头可调节,一种单根调节,成型挽索区分使用时能够快速连接,减少绳结制作环节;

2. 动力绳:利用动力绳制作牛尾时,可根据自身来调节牛尾,保证坠落系数的同时能够发挥最大效益,且自身价格相对实惠;

3. 牛尾绳使整个系统操作时有了自身的保护点,在边缘操作时,可作为限位保护。

技术参数

1. 定位挽索:动力绳可吸收冲击力,直径10.3毫米,配备调节器,可以很容易地调节挽索长度。可调式行进双挽索可以在各种行进方式下提供连接保护(绳索上升、生命线移动等),重量为230克,单臂可调节至95厘米。可调式行进单挽索在与另一条挽索配合使用时,可在各种行进方式下提供连接保护(绳索上升、沿横渡绳移动等),重量为175克,单臂可调节至1米。

2. 动力绳:

① 长度:30 m、50 m、60 m、70 m、80 m、100 m;

② 颜色:橙色、黄色、宝蓝色、浅蓝色、蓝色、白蓝色、灰色、金色、棕色;

③ 每米大约重量:50~65 克;

④ 护套的百分比:33%;

⑤ 冲坠数:7(单绳),20(双绳);

⑥ 坠落测试:5.9 kN(单绳),9.2 kN(双绳);

⑦ 静态伸长率:8.5%(单绳),7%(双绳);

⑧ 动态伸长率:31%(单绳),30%(双绳)。

表 3-2-2　EN 892 的标准设定(UIAA)

种类	单绳	半绳	对绳
坠落冲击	低于 12 kN	低于 8 kN	低于 12 kN
动力荷重下的延展性	低于 40%	低于 40%	低于 40%
静止荷重下的延展性	低于 10%	低于 12%	低于 10%
坠落次数	至少 5 次	至少 5 次	至少 12 次

注意事项

1. 动力绳的损坏机制与静力绳不同,动力绳的内伤不一定反映在外观上,表面较为完好的动力绳断裂强度可能已经降低,强度余量不足;

2. 救援训练操作中牛尾绳受力频率非常高,经常单独承受操作者的体重,在部分救援操作中还承受两个人的体重,长时间反复受力会使它会失去一部分延展性,缓冲保护能力降低。

以上两点都不是外观检查可以准确判断的,因此我们建议:一般以一年为期,定时更换牛尾绳,使用频率和强度都很高的,半年更换一次;如果很少探洞,也很少进行单人救援练习,可以两年更换一次。但是如果牛尾承受了较大的冲坠(如冲坠系数接近 1),即使只使用一次也应该立即更换。

二、装备的分类

配备装备可以分为单兵装备和公共装备。单兵装备又称个人保护装备或一般个人保护装备,可分为三类。

第一类:防止轻微伤害(如轻微撞击,紫外光等)装备;

第二类:防止严重(非致命)伤害装备;

第三类:防止致命伤害装备;

大部分用于绳索技术作业的都属于第三类个人保护装备,其功能都是防止个人从高处坠落。

绳索作业系统(EN 12841)中,A 类为绳索调节设备、B 类为绳索上升器、C 类为绳索下降器,其中 EN 363 属于个人防坠落系统,EN 358 为限制和工作定位挽索。

公共装备是除个人装备以外的装备。按器材制作材质可分为编织类和金属类装备。

(一) 编织类

1. 编织类器材的主要材料

目前,绝大部分编制类器材的制造材料是聚酰胺(即尼龙,国内行业学名为锦纶)。聚酰胺物理性能均衡,抗拉抗磨,对酸、碱、紫外线的耐受性良好,自然老化速度慢,用以制造的装备器材成本不高,有广泛的适用性和较长的使用寿命。

超高分子量聚乙烯(通常代称大力马),其有远超尼龙的拉伸强度和耐磨性,因为强度大且重量轻(线密度为 0.96,入水不沉),非常适合制造轻量化产品。

大力马线也有不足的地方,主要有以下几点:

(1) 表面摩擦系数小,打结容易滑脱;

(2) 延展非常小,基本没有缓冲能力;

(3) 熔点很低(仅约 140 ℃),耐热性很差。

后两点导致它不能用于制造主绳(无法通过各认证体系对于主绳的测试要求),但经常用于制造扁带等辅绳。

芳纶 1414 纤维(经常被代称为凯芙拉)也有非常好的拉伸强度和耐磨性,抗切割性能突出,纤维耐高温特性非常突出(可耐受约 400 ℃高温),但耐水、耐紫外线很差,烈日下暴晒会迅速老化。同时,延展非常小,基本没有缓冲能力,不能用于制造动力绳和静力绳,但经常用于制造消防系统的防火绳和攀树体系的主绳和辅绳。

聚对苯乙烯(PPV)纤维强度和耐磨性一般,耐热性较差,比重小于 1,可长时间漂浮于水面,很适合制造水上用绳。

2. 编织类器材的装备

编织类器材主要是采用一定编织工艺所生产的装备。如绳、扁带、安全带等,编织类器材等。

表 3 - 2 - 3　各品种材料特性

品种 \ 类型	强力程度	拉伸性	防紫外线分化能力	能否在水中使用	打结效果
椰壳纤维	比较低	相当大	强	可以	好
大麻	低	相当大	强	不可以	好

类型 品种	强力程度	拉伸性	防紫外线 分化能力	能否在 水中使用	打结效果
剑麻	低	相当大	强	不可以	稍好
马尼拉麻	低	适中	很强	不可以	难打
尼龙	高	相当大	弱	不可以	好
聚酯	稍高	适中	很强	不可以	好
聚酯辫绳	高	低适中	很强	不可以	很好
聚丙烯多纤丝	适中	适中	弱	可以	很好
聚丙烯受损薄膜	适中	适中	强	可以	难打
聚乙烯（银绳）	适中	适中	强	可以	稍好
高性能聚乙烯	适中	几乎为零	强—低	不可以	专业难度

　　一般主绳的结构组成如图 3-2-19 所示。其中，绳皮主要用来抗摩擦，保护绳芯；绳芯主要用来承重。

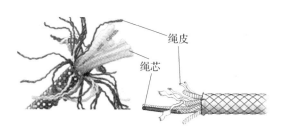

图 3-2-19　主绳

　　绳索的承重设计是指在进行绳索救援操作时绳索系统可以承受的最大承载重量。欧洲标准的承重设计为 200 kg，其基本假设：假定被困人员体重为 80 kg，救援人员体重为 80 kg，所有技术装备（含担架）重量为 40 kg。在进行绳索救援系统设计时，必须考虑系统各个组件的工作负荷上限，以及在装配过程中强度弱化的情况。

　　在现代技术的支持下绳索是核心性质的器材，许多装备都需要围绕着绳索来设计。我们把所有符合标准并且可以承担整个救援装备的开展及救援的绳索统称为主绳。下面将介绍几种在绳索救援技术中常使用的绳索(动力绳、静力绳和辅绳)及编织装备。

（1）动力绳

绳索救援体系中,动力绳主要用于制作牛尾绳,动力绳的具体性能涉及多个指标,我们不一定需要全部了解,但必须理解动力绳的延展性较强,我们使用动力绳主要就是用它的延展和缓冲能力。它的最小断裂强度并不重要,因为至今还没有机会遇到过。

（2）静力绳

救援系统的主绳是静力绳,即低延展绳索。静力绳也涉及许多指标,其中比较重要的是绳径(每米的重量与之相关)、延展率(缓冲能力与之相关)、最小断裂强度。

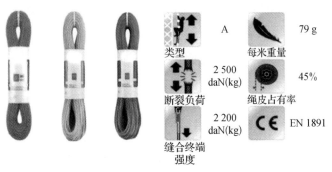

图 3 - 2 - 20　静力绳

用途　主要用于与上升器,下降器、滑轮等个人装备器材搭配使用。装备是根据绳索的直径来设计,并且在产品表面或说明书中都会标明绳索的标准,需要注意使用过程中器材与绳索的兼容性。

类型

EN 1981 标准根据拉力强度不同,静力绳分为 A 类和 B 类。

A 类静力绳:最小断裂强度≥22 kN,打结后剩余断裂强度≥

15 kN。A类绳适合救援作业和其他安全标准较高的活动。

B类静力绳:最小断裂强度≥18 kN,打结后剩余断裂强度≥12 kN。B类静力绳通常是轻量化绳和特定用途的绳索,比如水域救援,用的是可漂浮绳。

需要注意,虽然B类绳索一般较细,但划分标准是拉力强度而非绳径,有些绳索直径较大但拉力强度却只能达到B类水平。

因此,在使用中,要根据标准来正确使用,严禁只考虑绳索的直径来直接使用。

图 3-2-21　静力绳的使用

技术参数

① 材料:尼龙和聚酯纤维;

② 长度:50 米、100 米、200 米、500 米,颜色不同,以便在工作中区分每根绳索的功能;

③ 断裂强度:27 kN;

④ 冲击力(系数 0.3):5.2 kN,冲坠次数:10 次;

⑤ 静力延展率:3.4%,绳皮占有率:41%;

⑥ 线轴数:32;

⑦ 重量:75 克/米。

符合欧洲 CE/EN 1891 类型 A 标准。总体结构保证了极大的柔软性,且随着时间的推移能保持同样的性能。

表 3-2-4　不同类型静力绳参数

类　型	A 类	B 类
静止破裂强度	至少 22 kN(8 字结至少 15 kN)	至少 18 kN(8 字结至少 12 kN)
150 千克以下的延展性	小于或等于 5%	小于或等于 5%
坠落系数 0.3 时的下坠冲击	小于或等于 6 kN (100 kg 承重)	小于或等于 6 kN (80 kg 承重)
可以承受的冲坠次数	大于或等于 5 (100 kg 承重)	大于或等于 5 (80 kg 承重)
绳皮滑动率	小于或等于 30 mm	小于或等于 15 mm

图标

A. 寿命:10 年;B. 标志;C. 使用温度范围;D. 使用注意:避免接触化学试剂,特别是酸性物质,会损伤其纤维。E. 清洁/消毒;F. 干燥;G. 存放/运输;H. 维护;I. 改装/修理(不能在原厂家以外的地方修理,除了更换零件);J. 问题/联络

可追溯性及标识

a. 符合 PPE 标准的要求,进行 EU 测试的机构;b. PPE 做生产检测的机构序号;c. 追踪:信息;d. 绳索直径及长度;e. 独立编码;f. 生产年份;g. 生产月份;h. 序列号;i. 独立身份识别号;j. 标准;k. 仔细阅读说明书;l. 绳子型号;m. 材料;n. NFPA 认证机构;o. 生产年份;p. 制造季度;q. 生产商名称;r. 型号识别;s. 生产日期(月份/年份)。

注意事项

① 半静态绳索的使用细节:第一次使用前,将静力绳在水中浸泡 24 小时,这是为了让护套和绳芯之间形成更好的结合,并帮助去除制造过程中使用的润滑剂,并且让绳子慢慢晾干。浸泡后它将缩小约 5%(每 100 米收缩 5 米),在计算所需的长度时,要考虑到这一点。一根使用良好的绳子可以再收缩 5%。

② 用温热的肥皂水（pH 中性，最大 30 ℃）清洗绳索，然后用清洁的自来水彻底冲洗。

③ 在 PPE 检查表格中要记录：类型、型号、制造商信息、系列号或独立编码以及生产、购买、第一次使用、下一次检查时的北京时间、问题和评论，还有检查者姓名和签名。

④ 视觉检查整根绳索绳皮状况。确保无切割、烧灼、散开的绳股、起毛区或化学腐蚀等痕迹。

⑤ B 类绳索的性能比 A 类绳索低，因此它们更容易被磨损、切割、正常消耗等，使用时要注意降低可能发生的坠落。A 类绳索比 B 类绳索更适合用于绳索作业或工作定位。

⑥ 用于坠落保护的 EN 1891:1998 低拉伸的夹心绳在使用时不可超出其负荷限制，也不可用于设计之外的用途。

（3）辅绳（EN 564）

救援体系极少使用辅绳。用也仅用于非保护性的环节，比如吊包绳。例如 5 毫米直径聚乙烯纤维辅绳，这种辅绳轻便、强度高、超级耐磨，经常作为锚点绳专门用于锋利的岩石上，即使长时间承受上升下降的负荷也丝毫无损。但聚乙烯纤维非常滑，对绳结有特殊要求，新手应谨慎使用。

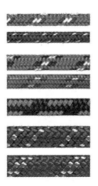

图 3 - 2 - 22　辅绳

辅绳包括两大类:圆绳和扁带,都可以是散绳,也可以是缝合绳圈(成型的绳圈)。常用辅绳的直径为1~9毫米,还有更大直径的辅绳。跟主绳的认证检测相比,EN 564辅绳认证检测中仅规定检测一项数据,就是断裂强度,并且要求6毫米圆辅绳断裂强度不低于7.2 kN。

表3-2-5 技术参数

直 径	断裂负荷	直 径	断裂负荷
2毫米	70千克	5.5毫米聚酯纤维绳	1 800千克
3毫米	180千克	6毫米	810千克
4毫米	400千克	7毫米	1 170千克
5毫米	650千克	7毫米试验纤维绳	1 500千克
5毫米聚酯纤维绳	1 200千克	8毫米	1 530千克

扁带类产品国内多是缝合绳圈(成型扁带),宽度为6~30厘米不等,标称拉力强度都是22 kN。

机缝　　　　　　　手工打结

图3-2-23 扁带

类型 扁带分为成型扁带和散扁带。散扁带也是需要有标准有认证的截取使用时,应标注好扁带信息,做好装备管理,并且分为管式、平板式的编织方法。很多人会称管式扁带为中空式或双层扁带。平板式是传统的编织方法,整体较硬,工业环境可以大量应用,除了EN 566标准外,还做了EN 795B标准(工业锚点类多了一项工业测试)。

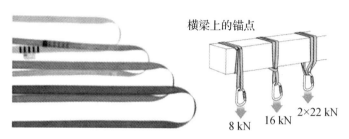

横梁上的锚点

8 kN　16 kN　2×22 kN

图 3 - 2 - 24　扁带的使用

技术参数

① 材质:涤纶;

② 长度:24 cm、60 cm、80 cm、120 cm、150 cm;

③ 颜色:黄色、紫色、红色、蓝色、绿色;

④ 类型:聚酯成型扁带、高模量聚乙烯的超轻量化扁带环,耐久柔软易于操作,有三种长度选择,以颜色区别,方便识别长度;

⑤ 认证:CE、UIAA,每米重量:18~133 克,断裂强度:22 kN;

⑥ 结构:40 载。

注意事项

① 很多人错误地认为扁带比主绳耐磨性好,因为相对扁带,消防救援体系更信任主绳。形状的原因,围绕锚点时扁带内部纤维的受力更均匀一致(但要平整,拧着的扁带会形成短板),因此不容易发生磨损。但市面上绝大部分扁带都是管状扁带,有时它们以管状编织成型,然后压成扁形。管状织物的特点是一旦出现破损,剩余强度会不成比例地大幅度下降。

② 使用时,连接处不要与其他物体及装备产生摩擦,手工打结的结头至少要留 5 厘米以上,一定要定期检查打结,但不要把结拆开。

③ 辅绳的拉力数值是单根绳的强度,成型绳圈的数值是整个绳圈的拉力,而不是单根的拉力。拉力数值和绳索受力方式相关,如果用绳圈两头围绕锚点受力,其拉力强度则变成 $22 \times 2 = 44$ kN,如果以鞍袋结套住锚点受力,其拉力强度可能降低到十几 kN。

(4)势能缓冲包

势能吸收器是与止坠器相结合使用的织物类装备,属于个人保护设备(PPE),使用单人缓冲包时可用于不超过 130 千克(含装备的使用者)的载荷。使用双人缓冲包时该设备可为两个总重不超过 250 千克(含装备)的使用者提供防坠落保护。

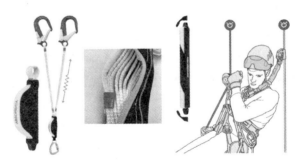

图 3-2-25 势能缓冲包的使用

组成 撕裂扁带、储存带、连接环。

主要材料 高模量聚乙烯、聚酯(储存袋)。

功能原理 在坠落发生时,通过金属止坠器止锁停止滑动,势能吸收器打开,减小冲击力。

兼容性 与共同装备器材使用时,必须符合国家的现行标准,如 EN 361 安全带标准,它们之间的关系相当于:兼容性=良好的功能互动。

技术参数

① 长度:40 厘米;

② 重量:205 克;

③ 最大负荷:250 千克;

④ 认证:CE/EN 355,ANSI Z359.13 6 feet。

图 3 - 2 - 26 势能缓冲包

注意事项

① 使用前应检查扁带连接孔和储存袋的状态,检查储存袋有没有与其他势能吸收器的储存袋互换,因为它们的容量不同(比较标签上的图示)。

② 检查安全缝线的状态,是否有缝线缺失,磨损或割断。

③ 检查连接器与主锁之间的组装是否正确,势能吸收器是否完好,是否被撕开。

④ 使用时检查器材状态及其系统内其他设备的连接情况是至关重要的,确保系统内的所有设备均相互正常连接。

⑤ 有无切割、磨损、起毛、与化学品接触等情况。

（5）救援三角吊带

救援三角吊带用于各类救援,滑雪缆车救援或消防使用,能在短时间内疏散被困者。配有肩带,可快速穿戴,并且配有可调节的自锁扣,可快速调整。

技术参数

① 重量:1 290 克;

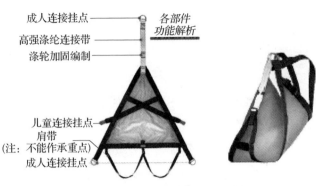

图 3-2-27 救援三角吊带

② 认证:CE/EN 1497,EN 1498;

③ 颜色:黑红;

④ 用途:配有肩带的疏散用三角吊带,无肩带救援用三角吊带能够快速穿着救援。

注意事项

① 检查纺织部位是否被切割、磨损、灼伤、开线、缝合被拉开现象。

② 重点检查是否与化学品有接触过的痕迹,如有应禁止使用。

(6) 龙爪钩

龙爪钩是带有紧凑型能量吸收器的双挽索,设计用于在垂直结构或水平生命线上通过中间锚点时前进。

技术参数

① 长度:80 或 150 厘米(无连接器),150 厘米版本具有松紧的手臂,以避免阻碍行进;

图 3-2-28 龙爪钩

② 势能吸收器长度:22 厘米;

③ 体重适用范围:50~130 千克。

结构组成

配备两个大开口连接器和一个带定位杆的连接器,并通过了美国、欧洲和俄罗斯标准的认证,耐用的织物袋两端带有开口系统,可保护能量吸收器免受磨损或污染,同时要定期检查吸收器。

(7) 安全带坐板

宽座椅可在悬挂过程中舒适地工作,带有两个快速链接,并安装在 VOLT 线束的指定侧插槽中,以在腰带和座椅之间分配负载,可以与吊具杆一起使用以创建中央连接点,不使用时可轻松收起在上方位置,侧面设备回路可简化作业机具的组织。

用途 用于长时间高空作业,长时间停留绳索上进行作业,替代安全带能够让自身得到放松。

技术参数

① 重量:1 045 克;

② 颜色:黑黄。

(8) 包具及配件

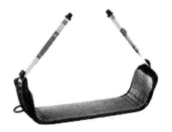

图 3-2-29 安全带坐板

绳索包具主要用于装备分类存放、携带、运输,也可将不同长度的绳索进行分类整理。下面简要介绍几款包具及配件。

① 驼包:主要用于收装器材装备,可用于多种运输方式,是一款使用方便,重量约 1 550 克,容量达 65~80 升的运输包,如图 3-2-30 所示。作为背包使用时,背部和肩带的衬垫提供了舒适的背负感,大开口使人能轻易拿到包内物品,两个翻盖内袋和一个大的侧袋可用于单独存放头盔或鞋子。它是采用高强度的 TPU 材料。

图 3 - 2 - 30　驼包(装备包)

② 工具包容量可分为 1.3 L、2.5 L、5.0 L 等,如图 3 - 2 - 31 所示。

图 3 - 2 - 31　工具包

图 3 - 2 - 32　绳包

③ 绳包:纤维材质背包,可保持直立,主要用于收装绳索,如图 3 - 2 - 32 所示。

④ 投掷袋:重量 250 g、300 g、350 g,用于投掷以牵引绳制作高位或远点位的锚(图 3 - 2 - 33)。

图 3 - 2 - 33　投掷袋

⑤ 投掷绳及其存储包,如图 3 - 2 - 34 所示。

图 3 - 2 - 34　投掷绳及其存储包

图 3 - 2 - 35　绳索保护/下降用手套(PPE)

⑥ 绳索保护/下降用手套(PPE)。

认证:CE/EN 420/CE/EN 388;

颜色:黑色/黄色;

重量:100～152 克。

(二) 金属类

使用合金、钢等金属锻造而成的,如主锁、滑轮、下降器、上升器、止坠器等,金属类器材最大工作上限及安全系数为 1 : 5。按使用用途可以分为固定连接类(绳、扁带、主锁等)、上升类(上升器、滑轮等)、下降类(下降器)、抓止类(夹绳类)(止坠器、无柄上升器等)。

1. 系统控制器

系统控制器是专门为技术救援作业设计的,可使操作重物下降或上升更为简便,可用于主系统或后备系统保护。它的多功能性可让救援者应对所有可能碰到的情况。

结构由人体工程学把手和内置制动器可以舒适掌握下降速度。从下降状态可以立即切换到上升状态,而无须转移负荷。内置单向滑轮,采用大直径的密封滚珠轴承,保证提拉时的高效率。AUTO-LOCK 系统,可以在不用手柄时自动锁住绳索。一旦锁住,不需触动手柄即可收绳。

表 3 - 2 - 6　技术参数及图片

名　称	适用绳径	重　量	救援载荷	图　片
大师	10.5～13 mm	1 100 g	250～280 kg	
RD2	11 mm	790 g	200 kg（下降速度小于 1 m/s）	
CLUTCH	10.5～11 mm	836 g	133 kg	
MPD	11～13 mm	1.2 kg	29 kN 最小断破强度 44 kN，下降控制 23 kN，环扣 29 kN	
天狼星	10～12 mm	510 g	250 kg	

　　系统控制器使用过程中可以根据标准测试(表 3 - 2 - 7)来合理选用装备器材。

表 3-2-7　系统控制器标准测试

系统	指标	RD2 下降器模式	CLUTCH	MPD S	Maestro S
1:1 (100 kg)	拉力值	109 kg (10.5 mm) 112 kg (11 mm)	133 kg	109 kg	115 kg
	效率	91% (10.5 mm) 89% (11 mm)	75%(71%, 官方 11 mm)	91%(88%, 官方 11 mm)	86.9%(76%, 官方 10.53 mm)
1:3 (133 kg)	拉力值	48 kg	50 kg	53 kg	48 kg
	实际效率比	1:2.77	1:2.66	1:2.51	1:2.77 (1:2.5, 官方 11 mm)

2. 钢丝绳锚点

钢丝绳锚点具有超高强度。采用直径 6.5 mm 镀锌钢,耐切割和磨损;配有两个不同尺寸的终端。它提供多种与锚点连接的方式:直接连接在锚点上或绕在合适

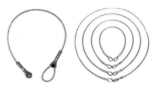

图 3-2-36　钢丝绳锚点

的结构上。塑料保护套能让锁扣随时保持在正确位置,方便挂钩。

技术参数

① 长度:50 mm、100 mm、150 mm、200 mm、300 mm;

② 断裂负荷:23 kN;

③ 重量:220 g、320 g、420 g、520 g、720 g;

④ 认证标准:CE/EN 795 B、CE/EN 354 TS16415(2)、NFPA 1983。

注意事项

① 使用前,应检查钢丝绳组件部位有无变形、磨损、断裂、化

学品沾染伤害等；

　　② 使用时，应注意锚点搭建时的承重能力，并且注意使用方式。

　　3. 分力板

　　分力板属于多锚点设置工具，可以增加可用锚点，更好地扩大或安排工作场地。结构由轻量型铝合金制造，如图 3 - 2 - 37 所示。

图 3 - 2 - 37　分力板

　　用途　主要用作安排保护点，设立多个确定点。同时也可在攀爬大面积的墙和建立飞轮横越时使用，通过多个确定点洞，帮助分散重量。

　　类型　分为 4 孔、8 孔、12 孔铝合金锚固点，孔径 19 毫米。

　　技术参数

　　① 质量：60 g、180 g、350 g；

　　② 断裂负荷：36 kN、45 kN、50 kN。

　　4. 万向节

　　万向节单段可开启万向转环，设计用于和主锁连接，可防止挽索之间互相缠绕，并让装备保持在合适的位置。

图 3 - 2 - 38　万向节

组成　采用无滚珠轴承的设计,能在不承重时自由旋转,并且在承重后停止旋转以确保装备处于合适的位置。

技术参数

① 重量:75 g、95 g、130 g、150 g;

② 断裂负荷:23 kN;

③ 认证:CE,EAC,NFPA 1983;

④ 材料:铝。

5. 可拆卸锚点

可拆卸锚点无须工具即可简单安装或取下,以便再次使用;上锁功能可降低锚点不慎脱落的风险;孔的宽度允许同时安装两个钩环。在攀登、探洞和高空作业等活动中应设置锚点保护站。

技术参数

① 直径:12 mm;

② 钻孔深度:6.5 cm;

③ 材料:316 L 不锈钢;

图 3 - 2 - 39　可拆卸锚点

④ 混凝土抗拉强度:50 MPa,断裂强度≥25 kN;

⑤ 重量:140 g;

⑥ 认证:CE/EN 795 B。

6. 临时锚点

用于在岩石上制作**临时锚点**,带螺栓挂片,如图 3 - 2 - 40 所示。

技术参数

① 重量:110 g、135 g;

② 总螺栓长度:85 mm;

③ 直径:10 mm、12 mm;

图 3 - 2 - 40　临时锚点

④ 材料:铁;

⑤ 混凝土抗拉强度:50 MPa,断裂强度≥15 kN、18 kN。

7. 连接环

连接环可用于创建多个锚,也可直接安装在连接桥上,以提高树艺师的横向移动性,如图 3-2-41 所示。

技术参数

① 重量:40 g,70 g;

图 3-2-41 连接环

② 材料:铝合金;

③ 混凝土抗拉强度:50 MPa,断裂强度≥23 kN。

8. 特殊滑轮

(1)过结滑轮

宽大的绳槽可以通过绳结;滑轮的直径很大,使用密封的滚珠轴承,可获得最佳的效率;滑轮上的防松栓可使滑轮用作锚点。

技术参数

① 兼容绳索直径:8~19 mm;

② 滑轮直径:76 mm;

③ 最大工作负荷:5 kN×2=10 kN;

④ 重量:1 390 g;

⑤ 认证:CE/EN 12278。

图 3-2-42 过结滑轮

(2)钢丝滑轮

用于在缆车钢缆上行进和疏散,具有大开口大直径,如图 3-2-43 所示。

技术参数

① 兼容钢缆直径:≤55 mm;

② 滑轮直径:55 mm;

图 3-2-43 钢丝滑轮

③ 最大工作负荷:5 kN;

④ 重量:1 470 g;

⑤ 高度:47 cm;

⑥ 认证:CE/EN 1909。

9. 运输滑轮(心型滑轮)

运输滑轮是可以在钢缆上溜索横渡的专用滑轮,可以同时连接三个锁扣以便操作,并在密封球轴承上安装不锈钢滑轮,以提高效率,不锈钢滑轮提高了耐磨性,封闭的滚珠轴承效率更高。

技术参数

① 绳索兼容径:≤13 mm;

② 钢缆兼容直径:≤12 mm;

③ 滑轮直径:27.5 mm;

④ 轴承:球轴承;

⑤ 效率:95%;

⑥ 最大工作负荷:10 kN;

⑦ 重量:270 g;

⑧ 认证:CE/EN 12278。

图 3-2-44　运输滑轮

10. 单滑轮

(1) 紧凑型单滑轮

紧凑型单滑轮是超紧凑,轻巧的滑轮,专为牵引系统和偏差而设计的滑轮,安装在自润滑衬套上,效率高。如图 3-2-45 所示。

技术参数

① 绳索兼容性:7~13 mm;

② 滑轮直径:21 mm;

图 3-2-45　紧凑型单滑轮

③ 球轴承:否;

④ 效率:71%;

⑤ 最大工作负载:2.5 kN×2=5 kN;

⑥ 重量:75 g;

⑦ 认证:CE/EN 12278。

(2) 固定侧板滑轮

固定侧板滑轮可以快速安装并通过上升器连接,专为牵引系统和偏差而设计,滑轮安装在自润滑衬套上,效率高。适用于椭圆形或梨型锁扣。如图 3-2-46 所示。

① 绳索兼容性:7~13 mm;

② 滑轮直径:21 mm;

③ 球轴承:否;

④ 效率:71%;

⑤ 最大工作负载:2.5 kN×2=5 kN;

图 3-2-46　固定侧板滑轮

⑥ 重量:90 g;

⑦ 认证:CE/EN 12278。

11. 高效滑轮

(1) 高效双滑轮

高效双滑轮是小巧的迷你滑轮,用于设置单向提拉系统,采用密闭滚珠轴承,可开合侧板设计,便于平行安装滑轮和辅助固定点,用于创建不同类型的牵引系统。如图 3-2-47 所示。

技术参数

① 绳索适用直径:7~11 mm;

② 滑轮直径:25 mm;

图 3-2-47　高效双滑轮

③ 效率:91%;

④ 最大工作负载:2×1.5×2=6 kN;

⑤ 重量:135 g。

(2) 高效单滑轮

高效单滑轮用于救援人员设置绳索防回跑系统,高强度铝合金材质。可配合普鲁士抓结使用,可同时连接 3 把锁扣。如图 3-2-48 所示。

技术参数

① 兼容绳索直径:7~13 mm;

② 滑轮直径:51 mm,内置滚珠轴承;

图 3-2-48 高效单滑轮

③ 工作效率:97%;

④ 滑轮强度:36 kN;

⑤ 最大工作负荷:4 kN×2=8 kN;

⑥ 断裂负荷:36 kN;

⑦ 重量:295 g;

⑧ 认证:CE/EN 12278、NFPA 1983。

12. 单向滑轮

单向滑轮是一款超轻巧的高效率制停滑轮。制停齿可在开启位置固定,此时滑轮可作为一个单滑轮来使用,带有自清洁槽的齿形凸轮可在任何条件下优化性能,在冻结或肮脏的绳索上同样有优秀的效率,通过将凸轮锁定在升高位置,铝制滑轮安装在密封球轴承上。如图 3-2-49 所示。

技术参数

① 滑轮直径:25~38 mm;

② 效率:91~95%;

图 3-2-49 单向滑轮

③ 最大工作负荷:单滑轮 2.5 kN×2＝5 kN,单向制停 2.5 kN;

④ 重量:85～265 g;

⑤ 适用绳索直径:8～11 mm;

⑥ 认证标准:CE/EN 567、NFPA 1983。

13. 万向滑轮

万向双滑轮即使固定在锚点上也可打开,滑轮设计用于最大限度简化提拉系统、溜索的设置。因平行安装的双滑轮及辅助连接孔,滑轮可建立各种复杂的提拉系统。大直径滑轮安装在密封的滚珠轴承上以获得最出色的效率,操作使用因万向节而简化,让滑轮转向受力方向,并直接连接主锁、绳索或扁带。移动侧板分三步打开,简单迅速万向滑轮最多可连接三个主锁,并可以使用绳索、挽索以方便操作。如图 3-2-50 所示。

技术参数

① 适用绳索直径:7～13 mm;

② 滑轮直径:38 mm;

③ 轴承类型:密闭滚珠轴承;

④ 工作效率:95%;

⑤ 最大工作负荷:4 kN×2＝8 kN;

⑥ 重量:480 g。

图 3-2-50　万向滑轮

14. 滑轮锁

滑轮锁是便于连接锚点和设备的滑轮锁扣,滑轮锁扣的锁门开合在非滑轮一侧,便于与锚点和设备连接。它有两种上锁系统:自动锁门或手动锁门。采用密闭滚珠轴承,登山扣的 H 形横截面,确保提高的强度重量比,保护标记免受磨损。如图 3-2-51 所示。

技术参数

① 适用绳索直径：7～13 mm；

② 滑轮直径：18 mm；

③ 最大工作负载：2 kN×2＝4 kN；

④ 效率：85%；

⑤ 主轴强度：20 kN；

⑥ 短轴强度：8 kN；

⑦ 开门强度：7 kN。

15. 脚式上升器

图 3-2-51　滑轮锁

脚式上升器常与胸式上升器、手式上升器、双手上升器配套使用，新凸轮使得绳索在工具中更易滑动，即使是最初的一米的距离。凸轮与器材非常契合，防止凸轮与其他物品产生摩擦；能使上升者更快的攀升及减轻疲劳。使用者只需一个简单的后踢腿动作即可轻松地去除绳索，脚踏带采用材料增加了耐磨性，脚式上升器通常采用卡扣调校方式。如图 3-2-52 所示。

技术参数

① 重量：85 g；

② 材质：铝；

③ 规格：适用绳索直径为 8～

13 mm，右脚使用。

图 3-2-52　脚式上升器

16. 绳索边缘保护架

绳索边缘保护架用于保护绳索，避免建筑物的棱角、墙角、岩石等粗糙尖锐突起部分磨损绳索。绳索边缘保护架采用链条式设计，收纳体积小，展开保护面积大，可组合不同长度，满足不同要求。如图 3-2-53 所示。

技术参数

① 材质:侧板/滚珠轴心不锈钢、轴筒铝合金;

② 尺寸:37 cm×12.6 cm×5 cm;

图 3-2-53 绳索边缘保护架

③ 组成:304 不锈钢支架、7075 合金滚轮,装有滚动轴承,减少摩擦,担架拖拉操作高效省力;

④ 有效承重:300 kg。

17. 救援三脚架

救援三脚架头部组件万向装置支持超 90°展开,腿部组件可以调节不同长度,支架脚部组件有平角和尖角两种配置,可实用于平底和山地地形。收纳于高强度固定销、耐磨尼龙面料包装袋中。如图 3-2-54 所示。

图 3-2-54 救援三脚架

技术参数

① 高度:2.7～3.7 m;

② 重量(含全部附件):33 kg;

③ 整体抗拉强度:39 kN。

18. 梁卡锚点

(1) 窗口固定锚点

窗口固定锚点是可拆卸的,能在特殊环境下使用,它能在门或窗户上设立锚点。根据开口的宽度能挂载一至两个人(80 cm 宽以下>两个人 80~110 cm 宽>一个人),独立检测。可拆卸锚点在特殊环境下能提供安全的解决方案。如图 3-2-55 所示。

技术参数

① 重量:8.84 kg;

② 认证:EN 795:2002-B。

图 3-2-55 窗口固定锚点

(2) 梁卡错锚点

梁卡错锚点是双 T 形截面滑动可移动梁卡锚点。为了用于防坠落系统、工作定位、绳索作业或救援而设计。操作人员可方便地沿横梁滑动。如图 3-2-56 所示。

技术参数

① 材料:由轻合金制成,配有可 360°旋转的 D 型环;

② 宽度:9~35 cm 可调;

③ 工作负荷:140 kg;

④ 断裂负荷:22 kN;

⑤ 重量:1 578 g;

⑥ 认证:EN 795:2012-B。

图 3-2-56 梁卡错锚点

19. LOV3 双绳下降器

LOV3 双绳下降器是在 LOV2 的基础上改建的,具有多认证和专用功能,该器材在使用时装入或卸载绳索时不会掉落,可作为绳索作业下降器、运动下降设备、半自动保护器、防坠落设备、工作定位设备,也可以作为止坠器上升器等设备使用。具有 A、B、C 类三种认证。如图 3 - 2 - 57 所示。

图 3 - 2 - 57　LOV3 双绳下降器

技术参数

① 重量:380 g;

② 适用绳径:10~11 mm;

③ 材质:凸轮是不锈钢制, 手柄是钢制,塑料侧板是轻质铝合金制;

④ 颜色:黑色/红色;

⑤ 认证:EN 12841 A,B,C。

20. 救援担架

救援担架带有一系列织带的织布,用于在各个位置固定伤员使用。担架底部由织带固定,可移动枕头带有枕垫,配合头部形状。如图 3 - 2 - 58 所示。

图 3 - 2 - 58　救援担架

三条外部束带确保负载完全固定。双向拉链允许织布从下方打开,方便检查下肢。织物尺码大,而且安全带长,有充足空间放置真空操纵的气垫(非常有助于固定伤员)(图 3 - 2 - 59)。

技术参数

① 重量:7.5 kg;

② 承重:11 kN;

③ 材料:主体钛合金,配件聚乙烯、涤纶。

图 3 - 2 - 59 担架织物

特点

① 主管无焊点,一体成型,钛合金弯管、副管满焊,安全轻便舒适;

② 配置背部支撑耐用背板、网衬、固定带;

③ 有套管螺纹连接,底部互扣快速连接结构,可实现快速拆装;

④ 可用于垂直平移陡坡等高低角度环境使用,并且每个担架有独立标号。

21. 救生抛投器

救生抛投器水陆两用,主要用于远距离抛投救生绳、救生圈。

组成 气瓶气动喷射,由发射机械装置、发射气瓶总成、充气装置、保护装置、快速自动充气救生装置附件。

技术参数

(1) 陆用时(带发射瓶):

① 牵引绳尺寸:Φ3 mm× 150 m;

② 平射:90～100 m。

(2) 水用时(带救生圈):

① 牵引绳尺寸:Φ8 mm×

图 3 - 2 - 60 救生抛投器

100 m;

　　② 平射:70～90 m;

　　③ 打锚钩:60～80 m;

　　④ 攀登锚钩:钛合金制造,最大承重 1 000 kg,推荐安全承重330 kg。

　　22.抛投弹弓

　　抛投弹弓用于较为复杂的环境,同时也可以水陆两用,主要用于远距离抛投导向绳等救援装备。其抛投精准度较高,操作简单。

　　组成　弹弓头、支撑杆、扳机等。

　　技术参数

　　① 牵引绳尺寸:Φ3 mm ×

150 m;

　　② 抛射角度:40°～90°;

　　③ 抛射距离:50 m、80 m、

100 m,150 m。

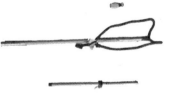

图 3-2-61　抛投弹弓

　　23.电动升降器

　　电动升降器设计用于在静力绳系统中提升或降下人员或负载。主连接中的金属环或卸扣可用专业认证过的其他任何金属环替换。底架上的悬带不可使用除原厂之外的零件替换。

　　技术参数

　　① 重量:15 kg;

　　② 最大工作负载:250 kg;

　　③ 安全工作负载(SWL):

200 kg;

　　④ 上升速度:0～22 m/min,

图 3-2-62　升降器

下降速度:0～25 m/min;

⑤ 尺寸:38 cm×25 cm×30 cm。

注意事项

① 使用时应检查器材电量,外观有无磨损、变形,是否安全可靠;

② 使用前应仔细阅读说明书,并且注意绳索的兼容性;

③ 在最佳范围内和可控范围内操作,安装绳索时侧板保护站要处于关闭状态。

维护保养

① 使用完毕后应拆除电源电池;

② 将绳索轮处于不吃力状态存放;

③ 应配备专机专用救援绳。

24. 滚珠移动锚点绳

滚珠移动锚点绳是一种锚固,当救援现场是斜向桥梁或管道时,可使用滚珠移动锚点绳行进至被困人员位置开展救援。

技术参数

① 材料:镀锌钢-聚氨酯;

② 重量:约为 3 kg;

③ 拉力强度:22 kN;

④ 认证:EN 795 B。

图 3-2-63　滚珠移动锚点绳

三、装备对照表

以下简要介绍下装备上常见标示含义及常见器材强度。

表 3-2-8　常见标示

名称	含义
MBS/MBL	最低破断负荷
WLL	工作负荷上限

绳索救援技术

续 表

名称	含义
SWL	安全工作负荷。通常由符合资质人士确定,SWL 通常与 WLL 相同或稍低于 WLL

表 3 - 2 - 9　常见器材强度

器 材	强 度	安全系数	WLL
10.5 mm 底延伸绳索	2 700 kg	1∶10	270 kg
11 mm 底延伸绳索	3 000 kg	1∶10	300 kg
缝合扁带环	2 200 kg	1∶10	220 kg
主锁	2 200 kg	1∶5	440 kg
三角梅陇锁	4 500 kg	1∶5	900 kg

第三节　装备保养及管理

　　高空救援行动必须配备专业器材,日常储存应当专门存放,随车时应当用专包进行存放携带。严禁灭火装备与高空救援装备混用。作为救援者,严禁将灭火用腰带作为高空救援装备。严禁利用绳索制作身体解锁替代全身式或半身式安全带。高空作业器材装备应当进行专门的使用记录登记(表 3 - 3 - 1)。及时淘汰更换破损的编织类装备和有裂纹或磨损严重的金属类装备。

表 3 - 3 - 1　安全检查记录表

××绳索救援队	
种类	
检验标准: A. 检查轴承,检查磨损情况,消减,磨损,热量,污渍,化学损伤 B. 确保所有皮带扣都正常工作且保证没有损坏,保证编制带没有磨损 C. 确保缝线状况良好,没有磨损情况或脱落	

续　表

内部编号	品牌	供应商	破断负荷	有效期	出厂编号	购买日期	第一次使用日期	上次检查日期	本次检查日期	状态
检查人： 日期：			签名：							

表 3-3-2　常见化学物品对尼龙的影响

物质	产生影响
汽油	不会导致损坏
润滑剂	不会导致损坏
硫酸(电池液)	严重损坏
碱	轻微损坏
尿液	明显损坏
血液	轻微损坏
防蚊油	轻微损坏
紫外光	轻微损坏

编织类器材的使用寿命时间：

① 频繁使用(每日)：3～6 个月；

② 中度使用(每周)：2～3 年；

③ 偶尔使用：3～5 年；

④ 最长寿命：不超过 10 年。

绳索救援是一项非常严谨的救援方式,使用装备的保养与管理是安全保障的基础,爱护个人装备要像对待自己亲兄弟一样,才能够在任何事故救援现场保证生命安全,高效率地完成救援任务。

装备在使用后,难免会消耗其耐久度,那么该如何去延长装备的使用寿命呢?

一、基本原则

存放装备时,不要随意摆放在地上,最好放在通风干燥的场所。

塑料和纺织装备从生产之日起,最长寿命为 10 年;金属装备的使用寿命是不确定的,应根据器材损耗程度来确定装备的使用时间。特殊的救援环境下作业,可能使装备在使用后不能再回收利用。

那么,怎么才能知道使用的防护装备的剩余寿命呢?

因为所有的 PPE 装备都可以用序列号来识别,这串数字可以用多种方式来标记:激光、雕刻、标签等。可用此识别我们的装备;验证是否超过产品寿命;也可以与新产品进行比较,以验证没有修改或缺少零件。

验证序列号和 CE 标记的存在性和可读性。

注意:我们的产品上的序列号代码正在不断发展。以下两种类型的代码将共存。有关每个序列号代码的详细信息,如图 3-3-1 所示。

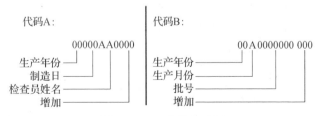

图 3-3-1 产品序列号

此外,在存放装备时,最好将装备存放在一个包装袋中保护它。使用背包时,请注意装备的锋利边缘或尖锐物体与头盔、绳索或安全带分开存放,以免造成装备损坏。切勿将纺织设备或头盔放在窗户下或暴露在阳光直射下,因为高温可能会降低装备质量。

存放装备时禁止与化学的刺激性或腐蚀性物质(如酸)一并存放。存放标志如图 3-3-3 所示。

图 3-3-2 装备存放禁止方式   图 3-3-3 刺激性易腐蚀性标识

二、装备的日常维护及保养

装备在使用后要及时对其进行擦拭清洗和保养;定期清洁,保持识别、可追溯性和标准标记的易读性;同时也能更容易检查清洁纺织装备上的缝合状况。在盐碱环境(海边)使用后,请立即用清水冲洗;纺织内物品可用温热的肥皂水(pH 中性,最高 30 ℃)和家用沐浴露清洗,然后用干净的自来水彻底冲洗;金属部件清洗可用家用沐浴露和中性肥皂水清洗,然后用干净的自来水彻底冲洗。

图 3-3-4 装备维护与保养

其他的清洁溶剂(例如去污剂、脱脂剂等)腐蚀性太强,容易造成装备的损坏。清洁后的装备应存放于阴凉通风的环境下风干，避免接近热源，禁止烘干或放置在太阳下暴晒。

对装备的修改和维修是禁止的（除设备生产工厂以外），当且仅当在厂家装备目录中提到的可更换部件，具体请参阅装备厂家可以更换的部件列表，严禁私自维修或改变设备原有的性能，以防发生安全事故。

三、常用设备的管理

（一）头盔

头盔上一般可以做上个人的标记，标记只能做在指定的安全部分。部分头盔有一个被设计成反光贴纸的地方，只能使用装备提供的贴纸。如果出汗过多，可在头盔的内部垫上头巾。另外，严禁把头盔压缩成一团或坐在头盔上（图3-3-5）。

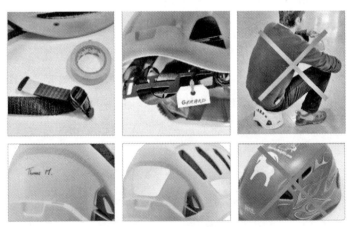

图3-3-5 头盔注意事项

日常检查头盔时，可按如下顺序检查。

1. 先从头盔外部开始检查，检查是否有撞击、变形、裂纹、磨损和化学品腐蚀的痕迹(图3-3-6)。

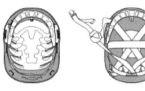

图3-3-6 头盔外部　　　　　图3-3-7 头盔内部

2.检查头盔内部是否有变形、裂缝和缺失的零件等(图3-3-7,注意:请勿卸下与外壳相连的内部结构)。

3.检查安装附件的插槽和孔的状况(有无变形、破裂,图3-3-8)。

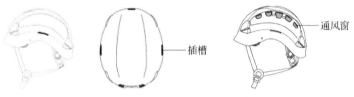

图3-3-8 头盔插槽和孔　　　　图3-3-9 头盔通风窗

4.检查通风窗的状态和功能(图3-3-9)。

5.检查内部的状况(标记、变形、裂纹、缺失的零件等)。必须拆下吸汗部件以检查隐藏区域(图3-3-10)。

图3-3-10 头盔内部拆卸后检查　　图3-3-11 头盔连接带

6.检查连接带及其在外壳上的附着情况(有无磨损、割伤、烧

绳索救援技术

伤、塑料件变形,图3-3-11)。

7. 检查吸汗带及其在外壳上的附着情况(有无磨损、变形、缺少零件,图3-3-12)。

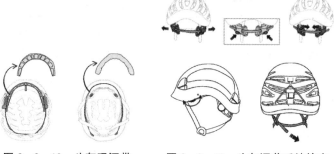

图3-3-12　头盔吸汗带　　图3-3-13　头盔调节系统检查

8. 检查调节系统及其在壳体上的附着情况(有无磨损、变形、缺少零件,图3-3-13)。

9. 检查下颚带扣的状况(有无磨损、变形、断裂,图3-3-14)。轻轻拉下颚带,测试紧固的可靠性。

图3-3-14　头盔下颚带扣检查

10. 检查吸汗泡沫的状况。如有必要,卸下它们进行清洗或更换,如图3-3-15所示。

11. 检查前灯夹的状况(有无磨损、变形、缺少零件等,图3-3-16);

图3-3-15　吸汗泡沫检查

如果附件(图3-3-17)安装在头盔上,请检查其状况并确保其正常工作(面罩,前照灯);可以更换修理前照灯夹和下颚连接带部分,吸汗带可作为替代部件(图3-3-18)。

图3-3-16　头盔前灯夹检查　　　　图3-3-17　头盔附件

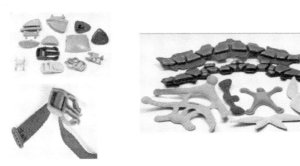

图3-3-18　更换部件

(二) 全身式安全吊带

可以通过做上标记来区分个人的全身安全吊带,认证标准的标记仅在标签上体现并放置在舒适位置,而不是在安全部件上授权。油漆、胶带和贴纸的化学成分可能会损害尼龙材质,这些成分可以削弱纤维并改变塑料和纺织部分的结构和强度。但是为了标记信息,只能在指定的元件上使用一小块胶带,确保标记不会影响正常使用。

在刷油漆和喷涂操作中,在高空作业时或在油性环境中作业时,可以使用一次性工作服保护安全带也可以用剪刀在工作服上剪切一个洞,让连接部位穿过。

图 3 - 3 - 19　全身式安全吊带

图 3 - 3 - 20　安全带防护

日常检查全身式安全吊带时,可按如下顺序检查。

1. 检查是否存在伤口、膨胀、损坏和磨损情况。重点检查腰带、腿带、连接部件。另外一定要检查扣带隐藏的区域,包括检查两侧安全缝合的情况,寻找任何松动、磨损或切割的痕迹,安全缝合是由不同颜色线来识别的(图 3 - 3 - 21)。

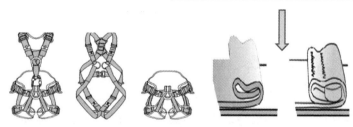

确认安全吊带端的缝合线是否存在

图 3 - 3 - 21　安全吊带及其缝合线

2. 检查连接点:

① 检查金属附着点的状态(标记、裂纹、磨损、变形、腐蚀等);

② 检查塑料连接点的状态(刮痕、磨损、撕裂等);

③ 检查纺织品附着点的状况(割痕、磨损、撕裂等)。

注意:检查坠落停止指示标记,如果背侧附着点承受的冲击荷载大于 400 千克,则指示标记显示为红色。(如显示红色请勿再使用)。

第三章 绳索装备介绍

图 3‑3‑22　安全吊带连接点检查

3. 检查调整连接扣的情况（图 3‑3‑23）。

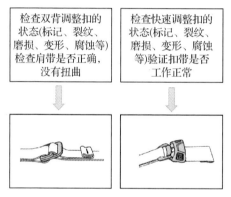

图 3‑3‑23　连接扣检查

4. 检查腰部、腿和肩泡沫的状况（伤痕、磨损、撕裂等），如图 3‑3‑24 所示。

5. 检查弹性带和塑料件的状况（切割、磨损、撕裂等），如图 3‑3‑25 所示。

图 3‑3‑24　安全吊带泡沫检查　图 3‑3‑25　弹性带和塑料件检查

6. 检查腿环调节带弹性与设备环的状况(切割、磨损、撕裂等),如图 3-3-26 所示。

7. 检查安全带是否具有肩带与坐带连接部件,必须确保存在。确认连接部件的型号是否正确,并且检查它是否正确连接梅陇锁,同时检查连接点上的螺纹是否存在并正确拧紧,如图 3-3-27 所示。

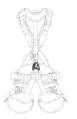

图 3-3-26　腿环调节带与设备环检查　图 3-3-27　连接部件检查

(三)自制动下降器

自制动下降器禁止在部件上雕刻标记。严禁使用油漆或打孔进行标记,因为这种类型的标记可能会影响装备性能(取决于深度、冲击力和选定的区域)。可以使用电动雕刻笔(深度小于 0.1 毫米)在框架上标记(请勿破坏原本的标记信息,也可以用少量的"金属书写"油漆来标记金属设备)。

图 3-3-28　标记自制动下降器

警告:不要将设备浸在油漆中。禁止标记在塑料件上,因为油漆中的化学品会削弱塑料的结构。

日常检查自制动下降器时,可按如下顺序检查:

1. 检查自制动下降器的移动侧板是否有痕迹、变形、污垢、裂纹、磨损等状况。

2. 检查安全门的状况和弹簧的有效性。

3. 检查移动侧板打开和关闭是否正常,检查移动侧板是否变形或过度磨损,如果侧板可以通过凸轮轴的头部,此时严禁使用该装备。

4. 检查附件孔与铆钉是否有痕迹、变形、裂纹、腐蚀等情况(图3-3-29)。

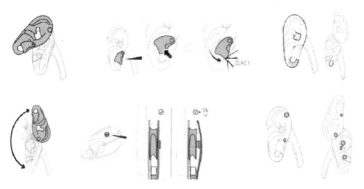

图 3-3-29 下降器附件孔与铆钉检查

5. 检查凸轮及其轴有无标记、变形、污垢、裂纹、腐蚀的状况(图3-3-30)。如果凸轮槽磨损到磨损指示器(仅在2019年前生产),则停止使用。

6. 检查摩擦片有无痕迹、变形、污垢、裂缝的状况。

7. 在下降器上,检查防误抓器有无变形、裂纹、腐蚀等情况。

8. 检查所有突齿是否存在,检查其磨损状态。突齿不能脏。如有必要用刷子清洗。

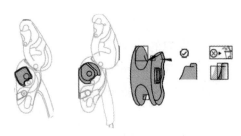

图 3-3-30　下降器凸轮及其轴检查

9. 检查防误抓器的转动情况和回弹簧的有效性。

图 3-3-31　防误抓器检查

10. 检查手柄有无痕迹、变形、裂纹等情况。在 2019 年前的下降器上,验证水平移动按钮是否能正常工作。

11. 检查手柄回弹簧是否能工作正常。

图 3-3-32　手柄回弹簧检查

用各种推荐的绳索直径逐一做功能测试。将自己吊在很低的高度,装置必须锁紧绳索,操作手柄,做一个非常短的下降。

自制动下降器的维修及保养:自制动下降器上形成锋利的边缘时,严禁使用该下降器。我们建议严禁使用任何磨损超过 1 毫米的金属装备。为了延长下降器的使用，可以使用细砂纸打磨边缘（打磨范围为1毫米以内）。

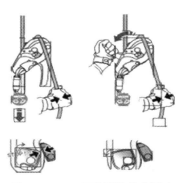 

图3-3-33 下降器的绳索测试　　图3-3-34 下降器边缘锋利时应禁用

（四）移动止坠器

移动止坠器严禁使用油漆或打孔进行标记，因为这种类型的标记会影响装备性能，这取决于深度、冲击力和选定的区域。可以使用一个电动雕刻笔（深度小于0.1毫米）在框架上标记（请勿破坏原本的标记信息）。我们建议可以用少量的"金属书写"油漆来标记金属设备。

警告：不要将设备浸在油漆中，禁止在塑料件上进行标记，因为油漆中的化学品会削弱塑料的结构。由于我们无法测试每一种可用的油漆成分，因此建议选择一种金属兼容的油漆。

图3-3-35 移动止坠器的标记

日常检查移动止坠器时，可按如下顺序检查：

1. 检查移动止坠器时，必须拆卸能量吸收器（注：根据要求能量吸收器必须单独检查）。

2. 检查框架的状况（痕迹、变形、裂纹、腐蚀）。

3. 检查齿轮的状况（痕迹、变形、裂纹、腐蚀），同时也要检查所有突齿是否存在，检查其磨损状态。

4. 检查齿轮的转动情况，按照两个方向将车轮转动一圈，确保它顺利旋转，不卡顿（图3-3-36）。

5. 检查齿轮回弹簧的有效性。

6. 检查安全卡扣的状况（标记、变形、裂纹、腐蚀）。

7. 检查安全卡扣回弹簧的有效性。

8. 检查连接杆、连接销和螺丝的状况（标记、变形、裂纹、腐蚀），确认夹板在其轴上旋转（图3-3-37）。

图3-3-36　移动止坠器　　　图3-3-37　移动止坠器连接杆
　　　　　 齿轮检查　　　　　　　　　　 及连接销检查

操纵前止坠器检查步骤：

1. 安装能量吸收器，在螺钉上使用螺纹锁紧液，检查螺杆的严密性。

2. 安装止坠器（ASAP）在一个兼容的绳子上，检查它是否正确地滑动在绳子的两个方向。

3. 将止坠器安装在兼容的绳子上，通过急剧地向下拉（下降方向来测试正确的锁定）。

4. 锁定后，确认设备解锁正常。

5. 将止坠器安装在兼容的绳子上,激活锁定按钮,通过向下拉
(坠落方向)测试正确的锁定,关闭锁定按钮,验证车轮在两个方向
上再次自由转动(图 3 - 3 - 38)。

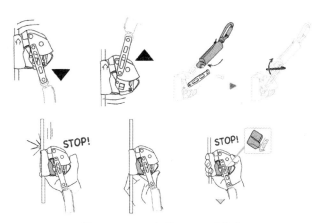

图 3 - 3 - 38　安装 ASAP 后检查

日常检查势能缓冲包,可按如下顺序检查:

1. 根据型号,解除止坠器、锁扣和固定件(图 3 - 3 - 39)。

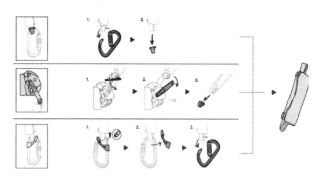

图 3 - 3 - 39　势能缓冲包拆解

2. 检查包装袋的状况,查找有无因使用而造成的切割、磨损、
损坏和有化学品污染的地方。

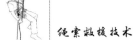

3. 检查能量吸收器的状况（图3-3-40），查找有无因使用而造成的切割、磨损、损坏和有化学品污染的地方。

4. 打开保护袋，拔出能量吸收器，检查两侧的安全缝线的状况。

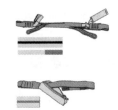

图3-3-40　能量吸收器检查

查找任何松动、磨损或切割的痕迹，验证能量吸收器未承受冲击载荷（验证系带之间的所有织物均未被撕裂）。

5. 验证坠落指示标记未被撕裂。

6. 检查连接点的状况（图3-3-41）。查找因使用而造成的磨损和损坏（切割、模糊、化学品迹象等），将能量吸收器放回包装袋中，随后关闭。

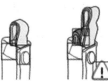

图3-3-41　能量吸收器连接点检查

7. 检查所有能量吸收器织带是否得到妥善保护，并检查连接器、锁扣、固定套是否连接正确。

8. 安装新连接器。如果适用，请在连接器上重新安装固定。磨损或应报废的示例如图3-3-42所示。

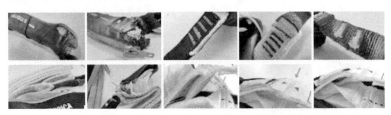

图3-3-42　磨损的连接器(后附彩图)

（五）锁扣类装备

大多数锁扣类装备(图3-3-43)因携带十分方便,所以在绳索救援中是最为常见的一种装备,但是在使用时,我们也要仔细检查其结构是否完好。

日常检查锁扣类装备,可按如下顺序检查:

1. 检查连接器,必须从其他设备中移除并检查锁门(根据每种锁的型号而定)。

2. 检查锁身的状态(标记、裂纹、磨损、变形、腐蚀等)。

图3-3-43 锁扣类装备

3. 检查绳索通道或与锚点接触造成的磨损(标记深度,边缘处锋利修复大于1毫米,不改变装备的安全系数)。

4. 检查设备的状况连接处(标记、裂纹、磨损、变形、腐蚀等)。

5. 检查锁门能否自动关闭,回位弹簧是否工作,锁门和接头是否闭合。

6. 检查闸门的状态(标记、裂纹、磨损、变形、腐蚀等)。

7. 检查锁扣是否清楚。

8. 检查外墙铆钉情况(标记、裂纹、磨损、变形、腐蚀等)。

9. 手动验证,检查门是否能完全打开。

图3-3-44 锁扣类装备清洁保养

维护和保养:使用专用润滑剂以恢复弹簧的动作,使用润滑剂后用布清洁油渍,避免使用过程中污染到其他设备上。不要使用

WD40 清洁剂,因为它可以干燥轴承和弹簧,从而加速老化。严禁使用高压喷水器清洗污渍。

(六) 绳索类装备

绳索救援离不开绳索类装备(图3-3-45),在使用前要仔细检查绳索的种类和基本信息,包括长度、直径与制造年份等,并检查绳索装备的基本情况。

图 3-3-45　绳索装备

日常检查绳索类装备,可按如下顺序检查:

1. 检查整条绳长度上的护套的状况。确保没有伤口、烧伤、磨损的线和模糊的区域或化学品污染的迹象。

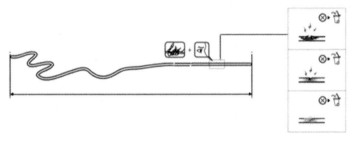

图 3-3-46　救援绳护套检查

2. 检查绳芯、塑料护套和缝合的终端,对整个绳芯进行触觉检查,检测核心损坏的区域(硬点、肿胀、破碎的区域)。

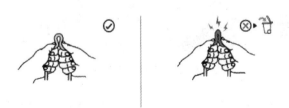

图 3-3-47　绳芯检查

3. 检查塑料护套的状况（标记、裂纹、磨损、变形、腐蚀等）。

4. 检查缝合处的状况，在两边查找有无任何松动、磨损或切割的螺纹。

5. 检查绳子的长度和绳子的中间标记。

注意事项

1. 绳索类装备在使用时，应免绳索下降太快，因为这会加热护套导致其加速磨损。在非常快速的下降过程中，一个下降装置可以升温到 230 ℃，从而融化绳子上的尼龙纤维。

2. 绳索类装备保存时最好放在保护袋里，以防沾染污垢。存放时，严禁绳索与尖锐物体接触，并保持绳索整洁。绳子的状况可能会对其他齿轮的磨损产生影响。例如，一根泥泞的绳子可以影响其他设备的正常功能；又如潮湿的绳子会导致上升器、下降器和连接器过早磨损。特别是在冰川地区、峡谷和洞穴等环境中，由于绳子会充满淤泥、水和沙子，因此使用后必须要用水冲洗干净。

（七）救援设备管理工具

在我们处理绳索时，最常使用的就是锋利的刀具。一把上好的侧切刀无疑是件实用的工具，只要轻轻一划就能把绳子或线缕割断。对于比较粗的绳子来说，最好的工具是锋利的刀即可，而对于特种纤维绳来说，它需要的是特殊的刀（具有部分锯齿的刀刃），它可以在船轴物资商店买到。此外还有比上述工具更有优势的工具，例如电热切割刀、热风枪、标签机、热缩管等，下面将分别介绍。

在使用除了热封刀以外的工具切割绳子时，要注意观察刀具是否锋利。在切割前使用绳结或胶带来阻止捻股或瓣股的磨粗绳，粘住绳索切口的两边或者黏合住绳提，在需要切割的地方任意一侧打个结，在绳子的胶带中间切断。

1. 电热切割刀

用途　主要用于切割塑料、缆绳、布料、泡沫、海绵、胶类清理，切割后不散边,不毛边,能够即刻切割和密封。

技术参数

① 功率:1 000 W;

② 可调节温度:50～500 ℃;

③ 质量:550 g。

图 3-3-48　电热切割刀

注意事项

① 使用时,根据切割物体来调节温度高低;

② 切割物体必须在平整且坚硬的地面切割;

③ 使用完毕后,待切割刀片冷却后方可收整器材。

2. 热风枪

用途　主要是对装备、标签的固定使用,需和热缩管配套使用。

技术参数

① 输入功率:2 000 W;

② 工作温度:50～600 ℃;

③ 空气流量:250 L/min;

④ 质量:0.8 kg。

图 3-3-49　热风枪

注意事项

① 使用时应调节温度高低,热缩管收缩时应均匀,防止吹破;

② 使用完毕后,等到其完全冷却后方可收整器材。

3. 标签机

用途　用于对装备信息、绳索信息进行整理汇总并且在装备明显部位做好登记,一般都是使用标签来进行装备区分。

图 3-3-50　标签机

技术参数

① 打印规格：有效打印宽度 12 mm 以内，标签宽度 15 mm 以内，均可随意调节；

② 工作时长：5～6 h；

③ 充电时间：3～4 h；

④ 打印内容：文字、图片、符号、一维码、二维码等；

⑤ 数据传输：支持蓝牙传输。

注意事项

① 使用时应按说明书操作使用，安装专用标签纸；

② 打印内容必须根据认证标准及绳索信息逐步打印，并且标明制作时间。

4. 热缩管

用于绳端部处理保护，标识固定（图 3 - 3 - 51）。

图 3 - 3 - 51 热缩管

第四章　绳索技术辅助训练

第一节　绳结知识技术应用

在绳索救援系统里面绳结是所有绳索技术的基本应用技能，通过学习制作绳结可以快速制作各种绳索救援系统，并且大幅度提高了救援效率及生命安全保障。不同的绳结有不同的作用和用途，同时，绳子制作成绳结后，其强度会有不同程度的下降，因此，我们在熟练掌握各种绳结的同时，也要了解其效能，从而保证我们在救援现场能够灵活的使用绳结。

建议　学会一个绳结用在十个地方，胜过学十个绳结用在一个地方。

一、绳结制作与效益

（一）绳结技术的基本介绍

绳结原理：在一定条件下使用特定绳结而不使用另一种的原因是剩余强度（绳结损耗）、绳结稳定性、易用性（是否好打好解）、特定受力方向（如绳圈横向受力），以及技术体系背景和习惯的影响不同。

除了学习本课程教材，还推荐读者参考《结绳技巧》（克莱德·

索利斯主编)和观看"3D knots"(手机 APP)。

由于绳结名称问题较为混乱且不统一,常有同结异名、同名异结的情况。

一般性打结要求(未特别注明时,打结应符合以下规范)如下:

1. 尽量紧凑,绳圈尽量打小;

2. 理顺,并在使用前预收紧;

3. 徒手收紧绳结后,绳尾余长约为绳径的 8~10 倍。

(二)基础绳结

1. 训练目的

通过训练使参训人员熟练掌握绳结,能够在救援中知道如何正确、高效地使用绳结来配合救援器材装备的专业技术。

2. 绳结的种类

我们主要学习以下几个绳结(双股 8 字结、双股单结、渔人结、腰结(布林结)、双 9 字结、桶结、蝴蝶结、兔耳结),也可以拓展学习一些其他绳结,从而结合救援现场使用。

(三)绳结的种类与用途

1. 双股 8 字结

● 绳结制作视频

双股 8 字结主要用于整个操作技术环节,在平时的锚点制作、系统搭建、团队拯救、高空练习等都能够应用到,使用频率相当高,相对其他绳结而言,其强度高、安全性强。

双 8 字结的拉力破断能够达到绳索断裂负荷的 66%~77%。

图 4-1-1 双股 8 字结

2. 双股单结

双股单结主要用于 PPE 装备的组装,特别在牛尾绳和安全带的连接时使用会比较多,其他地方也同样适用。

双股单结的拉力破断能够达到绳索断裂负荷的 58%～68%。

图 4-1-2　双股单结

3. 渔人结

渔人结主要使用于绳索与绳索之间的直接连接,在外出救援或训练过程中所携带的绳索不能够到达预定的位置时,就可以使用该绳结来进行绳索连接使用。

渔人结的拉力至少可以达到 20 kN 的断裂负荷,因为在实际测试中,绳结处均未发生断裂。

图 4-1-3　渔人结

4. 腰结(布林结)

腰结(布林结)是消防体制内部使用最频繁的一个绳结,其异名为布林结,分为外布林和内布林,主要是观察它的绳头出绳方向。

腰结的拉力破断能够达到绳索断裂负荷的 55%～74%。

图 4-1-4　腰结(布林结)

5. 双 9 字结

双 9 字绳结是平时接触比较少的一个绳结,它的优点是破断拉力比 8 字结的破断拉力要大许多,但是在受力后整个绳结会非常紧,在操作结束后不易解开。

双 9 字结的拉力破断能够达到绳索断裂负荷的 68%～84%。

6. 桶结

桶结是我们经常性使用的一个绳结,它主要用于装备的组装和缩小空间距离,但是在使用前,需要对绳结进行收紧受力状态区。

桶结的拉力破断能够达到绳索断裂负荷的 67％～77％。

图 4‑1‑5　双 9 字结　　　　图 4‑1‑6　桶结

7. 蝴蝶结

蝴蝶结主要用在锚点架设(中途锚点、Y 型锚点、担架制作、左右牵引),局部安全位置把控(摩擦点可以打结清理出来,长度 20 厘米),生命线架设,人员提拉上升檐角翻越等,具有用途广、位置不限定、简单易懂、三个角度都能够独立受力的优点。

蝴蝶结的拉力破断能够达到绳索断裂负荷的 61％～72％。

8. 兔耳结

兔耳结主要使用在锚点架设(基础锚点、Y 型锚点、担架制作、人员救助提拉等),具有角度位置好把控,在 180°平面上可以随意调节大小、长短、方向、角度,用途极为广泛的优点。但其存在使用绳索比一般的绳结会多的缺点,例如当我们需要做大型 Y 型锚点时,就需要准备足够充分的绳索。

兔耳结的拉力破断能够达到绳索断裂负荷的 61％～77％。

图 4-1-7 蝴蝶结　　　　　图 4-1-8 兔耳结

二、绳索收整和使用

(一) 训练目的

通过训练,使参训人员掌握绳索的收整和使用。

绳索操作前应先理绳,避免使用过程中有绳索缠绕现象,如绳索有扭转现象时要顺绳,随时处于预备状态,绳索的整理分为绳索收卷和绳索打开。绳索整理是绳索作业的必要准备工作,应当对绳索整理予以重视。作业现场如果绳索整理不当而引起的绳索混乱,不仅会影响作业带来的麻烦,而且会带来一定的风险和安全隐患。

(二) 场地设置及准备

在训练场空旷平地区域准备操作区,准备保护垫 5 块,20 米绳 3 根、50 米绳 3 根,100 米绳 2 根,绳包、绳框各 3 个。

(三) 绳索收整方法

1. 蝶式收绳法

此法是我们经常使用的一种收绳方式,适用于 30～50 米的绳索整理。

操作步骤

先找到绳头量一臂之长,一手握绳,一手捋绳,每次捋绳长度尽量保持相同,大约为一臂展。将绳子交与另一只手抓握,并形成若干绳圈,注意:绳圈之间无交叉、无打叉。即将收尽时要留有一定绳长用于收紧,收紧位置宜位于绳圈上 1/3 处。较长绳索收整可将绳索置于肩上来收整,整理方法与前者相同。

● 视频演示

图 4 - 1 - 9　蝶式收绳法

要点　双手持绳,每持一臂展之后将绳后挑至肩上,将绳收尽后取下捆紧,较长绳索可以对折收卷,绳尾留长后可以把绳背负于身上。

2. 肩式收绳法

肩式收绳法也是我们经常使用的一种收绳方式,适用于 50～100 米的绳索整理。

● 视频演示

图 4 - 1 - 10　肩式收绳法

要点　在持握住绳圈中部折点情况下解开绳索,双手持握将绳平展,将绳放于面前并找出一端绳头置于自己可控范围内,前方为待整理绳,向后快速将绳捋清。整理过程中呈 T 字形,直到捋至另一绳头时整理结束,此时要控制两个绳头。在使用时,任意选择某个绳头拉出,都能保证绳索顺利展开。

3. 绳包收绳法

绳索装包后,有利于绳索的携带、快速展开和抛投,适用于各种长度的绳索整理。一般有单绳装包和双绳装包两种。常用于防脱结和绳头双股 8 字结挂钩。

(1)单绳绳包收绳法

凡装包的绳索在距绳尾 1～2 米处必须打防脱结,将打防脱结的一端作为内绳端,并系在包内侧束带上。双手或双人配合将绳索塞入包内,将外绳端系在包外侧带并把包束紧,使用时应打开外绳端抽拉绳索。

(2)双绳绳包收绳法

在距绳尾 1～2 米处必须打结防脱,将打防脱结的一端作为内绳端,并系在包内侧束带上,双手或双人配合将绳索并行塞入包,内外绳端处理与单绳收包相同。

● 视频演示

图 4-1-11　单绳绳包收绳法　　图 4-1-12　双绳绳包收绳法

第二节　锚点制作

一、锚点种类

1.结构锚点:通常选取现场建筑中的钢结构、砖瓦墙体窗结构、钢混凝土承重墙结构以及事先构筑的工业孔洞等,制作锚点时要注意锋利边缘的保护。

2.天然锚点:通常选取现场环境中的树、大石及其他物体进行缠绕或钻孔。选择树当作锚点时,树的最低粗度为成年人小臂粗度,选择4点以上设置锚点,使用时要贴近树根处;选择大石当作锚点时,要计算该块大石的中心点,尽可能贴近地面。

3.人体锚点:人体锚点不可作为绳桥锚点,只可作为临时锚点,通常人体锚点比例为绳上工作1人,锚点处3人的配比来进行。

二、锚点制作

(一)基础锚点

1.训练目的

基础锚点是我们平时使用最多的一种锚点,在绝对锚点(1 500 kg)上进行制作的锚点,针对不同的结构使用不同的扁带(成型扁带)、钢丝(只能使用一个挂环锁扣)。

2.锚点制作

(1)双8字结(扁带钢丝)锚点

图 4 - 2 - 1 双 8 字结锚点 ● 视频演示

（2）基础锚点（双 8 字结＋蝴蝶结）

图 4 - 2 - 2 双 8 字结＋蝴蝶结锚点

优势 以上属于开放式锚点，在制作时能够快速组装、快速脱离转移使用，安装简单高效，使用时绳圈大小与两把锁扣能够挂入即可，防止锁扣挂入其他东西，横向受力。

缺点 在整体锚点架设完成时，与建筑物锚点端存在距离，上升到顶端时，若想利用移动点前进时，钢锚架设存在一段距离。

注意事项 使用扁带打卷结时，打完翻转受力向下，向下切割。双锁门使用时锁门方向要一正一反，并且双锁开口向下，频震会导致丝扣锁锁门打开，使用扁带、钢丝锚点时要双扁带双钢丝。锁扣合起来的优势是一根绳两个受力锚点双扁带受力。锁扣不合的劣势是强度没有合起来的强度高，但也可以使用。

（二）Y 型锚点

1. 训练目的

Y 型锚点的目的是分散受力加强锚点绝对性，可以随意调整受力角度,Y 型夹角不能大于 90°,角度越大锚点受力就越大。特殊情况下,角度必须大于 90°时,一定要使用双钢丝双锁扣。

2. 锚点制作

(1) 小距离 Y 型锚点(兔耳结)

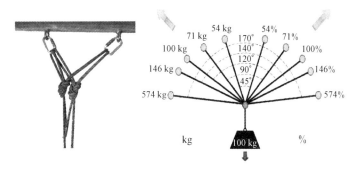

图 4 - 2 - 3　小距离 Y 型锚点(可以小角度调整,使受力均衡)

(2) 大间距 Y 型锚点(双 8 字结＋兔耳结)

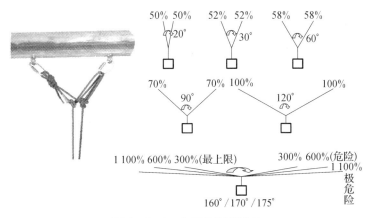

图 4 - 2 - 4　大间距 Y 型锚点

优势　兔耳结制作 Y 型锚点时能够在小距离时使用,增加锚点受力强度。大间距 Y 型锚点适合在建筑物间距离比较大时使用,此时需要强度高的锚点荷载才能够承受。

缺点 使用兔耳结制作大间距 Y 型锚点时,绳索距离会变长,导致浪费绳索。

注意事项 大间距 Y 型锚点制作时需要增加多个保护点,防止绳索摩擦,增加隐患。

三、荷载共享锚点系统

1. 训练目的

共享锚点是整个团队在操作救援及掌握整个团队进展情况下,根据现场情况判断该锚点位置属于绝对锚点(可通过救援经验、建筑结构、天然树木种植等基础知识信息经验丰富者判断检查),并利用多个建筑物或物体形成共享锚点。

2. 锚点制作

共享锚点主要使用在户外树木比较多和城市高空楼顶或在绝对安全拉力内,有着绝对优势情况下使用。

图 4-2-5　共享锚点

优势 共享锚点在使用时能够将所有力量都使用在绝对锚点上,成为基础锚点,锚点坚固能够将系统制作在一起调整方便,操作时拉力值高,增加更多便于操作锚点,系统清晰方便检查。

不足 使用共享锚点时,绳索管理要求高,器材安装要进行错误预防(防止受力金属器材碰撞、挤压变形、绕绳锁扣受力方向),要预设保护垫,防止松紧造成器材摔打。

四、荷载分配锚点系统

1. 训练目的

分配锚点是整个团队在操作救援及救援比赛中的第一要素,掌握整个团队进展情况下,根据现场情况判断该锚点位置不属于绝对锚点(通过救援经验、建筑结构、天然树木等)。

2. 锚点制作

分配锚点主要使用在户外树木比较多和城市高空楼顶,或在局限空间内使用膨胀螺丝、挂片来制作锚点。

图 4-2-6 分配锚点(后附彩图)

优势 分配锚点在使用时能够将所有力量进行合力,使锚点坚固,能够将系统制作在一起调整方便,操作时拉力值高,增加更多便于操作锚点,系统清晰方便检查。

不足 使用分配锚点时,绳索管理要求高,器材安装要进行检查,长距离使用绳索制作时会需要很长绳索(防止受力金属器材碰撞、挤压变形、绕绳锁扣受力方向);要预设保护垫,防止松紧造成器材摔打。

五、安装式锚点系统

(一)膨胀螺丝挂片锚点

1. 训练目的

膨胀螺丝挂片锚点是搭建系统前安全点设立的前提,在结构坚硬物体(如混凝土、巨石、墙)上制作绝对锚点时使用的装备能够承担起系统的安全并保证安全点的稳固。

2. 锚点制作

主要使用在现场无锚点,安全点来搭建绳索救援系统时,利用膨胀螺丝的绝对拉力配合电钻,且在坚固的混凝土、巨石、墙体上制作锚点。

图 4-2-7 膨胀螺丝及挂片

优势 利用膨胀螺丝制作分配锚点时能够将所有力量进行合力,使锚点坚固,能够将系统制作在一起调整方便,操作时拉力值高,增加更多便于操作锚点,系统清晰方便检查。

不足 使用膨胀螺丝制作锚点时,一般都是在特定环境下使用,要求高,并且必须经过培训的人员才能使用,还要保证受力方向及角度问题。此外,使用时现场灰尘较大,对装备会有损伤。

(二)工字梁工业梁卡锚点

1. 训练目的

工业梁卡锚点在特定的环境下使用的可拆锚点,主要使用在工字梁和一些有边角的坚固定,可以支撑起安全点,作为前进点或锚点使用。

2. 锚点制作

工字梁工业梁卡锚点主要使用在工业和有工字梁的环境进行救援,使用局域性受控制,在受限空间行进及作业,锚点使用要求高,需要专业人员培训后使用。

图 4-2-8 工业梁卡锚点

优势 工字梁工业梁卡锚点在使用时能够和钢制锚点使用效果一样,锚点操作简单坚固,能够将系统制作在一起调整方便,操作时拉力值高,增加更多便于操作锚点,系统清晰方便检查。

不足 使用分配锚点时,绳索管理要求高,器材安装要进行错误,长距离使用绳索制作时会需要很长绳索(防止受力金属器材碰撞、挤压变形、绕绳锁扣受力方向);要预设保护垫,防止松紧造成器材摔打。

绳索救援技术

第三节　滑轮拖拽系统制作

滑轮拖拽系统是用来解决需要提起很重物体的技术选项,也可以使用这个技术来拉紧绳索,例如绳桥的架设、倾斜绳索的架设、V 型拖拽等。对于救援领域,滑轮拖拽可用来解决伤患搬运及困难地形救援。

一、滑轮和机械效益

提升系统可以简单地表述为有荷载的通过复杂的滑轮连接方式进行拉拽的单绳系统,复杂的滑轮连接方式增加了系统的机械效益,能使一个人可以拉起更多的荷载。

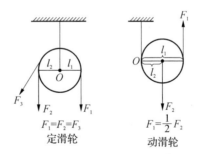

图 4 - 3 - 1　定滑轮与动滑轮受力示意

在机械效益系统中,滑轮有两个特殊的作用。如果滑轮连在锚上,通常称之为定滑轮或者变向滑轮(图 4 - 3 - 1)。它的作用是改变绳索受力运行的方向,但不能改变力的大小;滑轮轴的位置随被拉物体一起运动的滑轮称为动滑轮,其不能改变力的方向,但最多能够省一半的力。即动滑轮或机械效益滑轮,用于提高系统的机械效益。

滑轮自身的效率是根据形状、尺寸、材质和工艺有关的,每个滑轮都有自身产生的效益,在使用过程中应当使用效率高的滑轮。但是同一种滑轮在绳索系统中使用位置不一样,其效率也有所不同。

　　目前主要的滑轮及其效益如表4-3-1所示。

表 4-3-1　滑轮效率

名称	效益(%)	破断(kN)	滑轮直径(mm)	绳径(mm)	图片
万向双滑轮	95	40	38	7~13	
万向单滑轮	93	36	40	8~13	
滑轮锁	85	20	18	7~13	
固定侧板滑轮	71	23	23	7~13	
双滑轮	97	38	51	7~13	
单滑轮	97	36	51	7~13	
单向滑轮	95	22	38	8~13	

当拖拽救援小组进行拖拽绳索时，M/A①滑轮或滑轮组将向锚点方向运动，系统被压缩。移动 M/A 滑轮远离锚点可以重置系统，系统被展开。系统需要重置的次数由荷载被提升的距离和机械效益系统延伸的距离决定。如果 M/A 滑轮能直接连在担架上，那就根本不需要重置了。

二、滑轮拖拽系统

滑轮拖拽系统是指将滑轮、抓结(机械抓结)、安全钩等装备器材按照特定方式进行装配的系统，通常可直接在提升系统的操作端直接设置，也可单独设置后附着在提升系统操作端形成背负式机械效益提升系统(又称搭载式机械效益提升系统)。在滑轮拖拽系统中可以简略分为以下四种拖拽方式：简单拖拽、复合拖拽、混合拖拽以及背负式滑轮拖拽系统。

(一)简单滑轮拖拽系统

一条绳索通过定滑轮或动滑轮，拖拽时所有动滑轮以相同速率同时朝一个方向行进。简单机械效益系统可以定义为系统中所有的 M/A 滑轮与荷载以相同的速度移动。

救援时最常见的简单滑轮系统是 3∶1 系统，有时候也称作"Z字形"装配，因为系统搭建好后，绳索的形状很像一个大写的字母 Z(图 4-3-2)。

理论上来说，3∶1 的 M/A 系统会将个人的提升拉力提高 3 倍(即 1 kN 的拉力可以提起 3 kN 的重物)。不过由于系统存在摩擦力，实际的机械效益总是比理论值稍微低些。

注意：荷载的重量要包括绳索在各种表面及边缘移动时所产生的全部摩擦力。

---

① 滑轮和机械效益(Pulleys and Mechancal Advantage，M/A)。

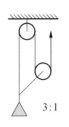

3∶1

图 4 - 3 - 2　3∶1 的滑轮系统　　　　● 视频演示

另一个简单滑轮系统是 2∶1 的 M/A 系统,通常也被称为梯形装配;还有 4∶1 的 M/A 系统,基本上跟 3∶1 简单 M/A 系统和 2∶1 的 M/A 系统相同,但是使用双滑轮。在受限空间进行垂直救援时,使用 2∶1 和 4∶1 这两个系统连接可移动高位锚固定点的情况非常普遍。

(二) 复合滑轮拖拽系统

复合托拽系统是一个简单滑轮系统拉拽另一个简单滑轮系统时产生的系统。比如在 3∶1 的 M/A 系统末端增加一个 2∶1 的 M/A 系统,将复合出 6∶1 的机械效益系统;用 3∶1 的 M/A 系统拉拽 3∶1 的 M/A 系统将获得 9∶1 的机械效益,后续将详细介绍。

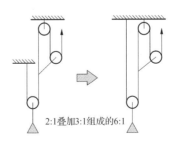

2:1叠加3:1组成的6:1

图 4 - 3 - 3　复合滑轮拖拽系统　　　　● 视频演示

（三）混合滑轮拖拽系统

混合滑轮系统是指不属于上述两类的滑轮系统,在这类系统中,不同的动滑轮通常运动方向与运动速度均不一致,如图 4-3-4 所示。这类滑轮系统的优点是在到达的省力比相同的情况下需要的器材更少,但与之相对是回绳等操作更为繁琐,对操作空间要求更高,因此在救援中使用较少。

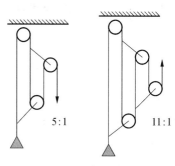

图 4-3-4　混合滑轮拖拽系统

● 视频演示

（四）背负式滑轮拖拽系统

机械效益系统可以采取背负式与主绳连接。主绳承担荷载并且由抓绳器进行保护。然后用机械抓结将与装配机械效益系统连在主绳上。也可以用缓降控制装备建立背负式下放系统。

这种类型的系统在需要将荷载提升,随后下放并往复多次的时候,具有非常大的优势。抓绳器下放制动的功能效率极高。

背负式系统在被救者已经置于绳上,而只需要将他拖拽上来或者降至地面时也非常的有用。背负式系统工作时,无论是提升系统还是下放系统,绳结的通过性都非常好。

三、机械效益系统的建立

通常我们无法提起一个重量超过自身体重三分之二的物

体,尽管可以也会变得非常没有效率,或是疲惫在整个拖拽过程中。一种典型的 2∶1 与 3∶1 的拖拽系统如图 4-3-5 所示,此模式不考虑滑轮的任何机械损耗,因此又称为"理想机械好处"。

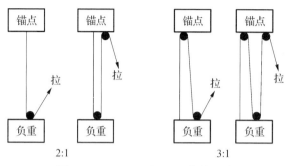

图 4-3-5　2∶1 和 3∶1 拖拽系统

以上设置的原理极其简单,但是所需要的绳索长度将会是操作者的一大困扰。例如在固定点与重物之间距离是 50 米,采用如图 4-3-5 所示的 2∶1 或 3∶1 拖拽系统则所需的绳索长度分别为超过 100 米与 150 米,这对于滑轮拖拽系统操作将会有许多不便。因此,其他较节省绳索的装置便油然而生。

（一）3∶1 系统

3∶1 系统是最常见、使用频率最高的系统,是经典的 Z 字形。可以在主绳上直接建立该系统,或者使用预装配背负式系统连接到主绳上的方法建立该系统。

图 4-3-6　3∶1 系统

● 视频演示

（二）5∶1系统

1.简单5∶1系统

如果3∶1系统提供的机械效益满足不了提升的需要,可以另加入两个滑轮将系统改成简单5∶1系统(图4-3-7)。如果能用锚分力板合理分配滑轮,就能够迅速完成机械效益的升级。

图4-3-7 简单5∶1系统　　　● 视频演示

2.双滑轮5∶1机械效益系统

可以使用双滑轮构成5∶1机械效益系统。该系统的装配和操作与3∶1机械效益系统非常相似。双滑轮中心板的底部孔洞称为把手环,当5∶1系统做背负式系统使用时,可以用把手环固定穿过滑轮的绳端。

图4-3-8 双滑轮5∶1机械　　图4-3-9 小型滑轮和绳芯组成的
　　　　　效益系统　　　　　　　　　　5∶1 M/A系统

一个由小型滑轮和8~10毫米粗的绳芯组成的5∶1 M/A系统(如图4-3-9),比如阿兹特克,可以组装成紧凑机械效益系统,使用这种紧凑机械效益系统可以减轻被救人员在挂接上的重量,提起被救人员头部所处的担架末端时,就可以快速通过绳结提升或下放系统。

(三) 6：1 系统

6：1 系统是用 2：1 系统拉拽 3：1 系统形成的复合系统。最简单的方式就是在单独的提升绳上装配 2：1 系统,或者使用主绳的末端装配 2：1 系统。

另外,该系统需要额外的机械抓结和滑轮。如果知道了如何建立 3：1 系统并且有相应的器材,通常来说,装配 9：1 系统要比装配 6：1 系统简单得多。

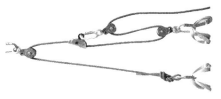

图 4 - 3 - 10　6：1 系统　　　● 视频演示

(四) 9：1 系统

如果需要建立比 5：1 更省力的机械效益系统,可以使用两个滑轮建立一个新的 3：1 系统拉拽原有的 3：1 系统,这就是 9：1 混合系统。建立相同的系统,无须改动原有的 3：1 系统,就可以使拉力变为原来的三倍。同时,还需要一个额外的机械抓结,重置前端的 3：1 系统,后面的 3：1 系统也会自动重置。

图 4 - 3 - 11　9：1 系统　　　● 视频演示

绳索救援技术

第四节　可回收系统制作

可回收系统是指救援人员完成作业后可以从地面拆卸回收的系统,它的用处很大,是每个专业的绳索作业和救援人员都应该掌握的知识技能。

其制作使用是在复杂环境下装备器材的收整及其数量有着必不可少的帮助,尤其是近几年的绳索救援赛事,对回收系统越来越重视,并且频繁使用。

一、锁扣可回收系统

(一) 锁扣可回收系统(1)

1. 训练目的

通过训练,使救援人员熟练掌握锁扣可回收系统制作,在进行救援时制作需要回收的锚点,操作完成后能够利用可回收系统快速撤离。此时,我们就需要根据现场不同情况来制作不一样的可回收系统来完成整体救援行动的保障。

2. 场地器材

在训练塔圆围杆(直径大于锁扣长度 3 倍)设置 10.5 毫米主绳与辅绳各 1 根,绳尾 15 厘米处打上止结,锁扣 2 个,PPE 救援装备 1 套。

3. 操作程序

① 操作人员着全套 PPE 救援装备,在操作区域前做好操作准备,并且进行装备检查测试。

② 从地面登高利用可回收制作系统时,距离较高时利用无人

图 4‑4‑1　器材准备　　　　● 视频演示

机、抛投器和抛投弹弓来进行牵引绳的运送，通过需要制作的物体。

③ 需要从高空向下搭建通道并且系统需要回收时，我们可以利用可回收系统的灵活性来进行搭建通道（此时的保护系统可以使用保护垫布）。

④ 利用牵引绳将两根主绳牵引过坚固的锚点，确认绳头和绳尾两端的绳索垂直至地面，并且在承重尾端 20 厘米处制作防脱结。

⑤ 制作两个蝴蝶结，中间留 10 厘米的距离，并且在蝴蝶结承受端位置制作保护系统（从低空制作时，可以使用绳索保护套，方便通过并且能够保证受力）。

图 4‑4‑2　操作演示　　　　● 视频演示

⑥ 将蝴蝶结分别连接一把主锁，并绕过结构，然后将每把主锁与垂直到地面的绳索连接，在上升或下降时要做承重测试并且

检查主绳是否打好防脱结。

4. 可回收区分系统

为了避免上面描述的系统失效,可以为整个系统设置一条单独的回收绳。这样即便我们误用了回收绳,也总有至少一条绳索是正确的。

(二) 锁扣可回收系统(2)

1. 操作步骤

① 确认绳索的两端(绳头和绳尾)均垂至地面。

② 制作两个蝴蝶结,中间留 10 厘米的距离。

③ 将蝴蝶结分别连接一把主锁,并绕过结构,然后将每把主锁与垂至地面的两条绳索进行连接。

④ 最后,通过桶结或双八结等将另一条绳索连接到两个蝴蝶结中间,这就是回收绳。

图 4 - 4 - 3　可回收系统

● 视频演示

2. 注意事项

① 操作前应着全套 PPE 救援装备,认真检查器材老化、损坏情况。

② 单绳做可回收时,中间不能做回收点。

③ 制作蝴蝶结时要大于圆形锚点,不能使锁扣横向受力。

④ 下降时要看好哪条绳索是下降绳,下降器不能装反。

⑤ 在操作过程中,根据锚点位置来判断是否需要增加保护系统(绳索保护套或布垫子)。

二、机械抓结可回收系统

1. 训练目的

通过训练,使救援人员熟练掌握 Shunt 机械抓结可回收系统制作。在进行救援时需要快速解脱系统装备及撤离,我们就需要根据现场不同情况来制作不一样的可回收系统,从而完成整体救援行动的保障。这个系统在锁扣可回收的基础上加了单向机械抓结抓绳装备,图 4 - 4 - 4 应用了 Shunt 机械抓结的特性,消除了中主锁可能会杠杆受力的风险。

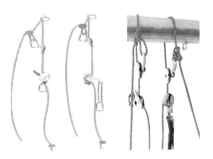
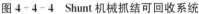

图 4 - 4 - 4　Shunt 机械抓结可回收系统　● 视频演示

2. 场地器材

在训练塔圆围杆上设置 10.5 毫米主绳与辅绳各一根,绳尾 20厘米处打上止结,Shunt 机械抓结及锁扣两个,PPE 救援装备一套。

3. 操作程序

① 用牵引绳固定牵引主绳至需要制作锚点的建筑物,在绳索一侧打好蝴蝶结。

② 确认绳头和绳尾两端的绳索均垂直至地面,下降的尾端 20 厘米处打好防脱结。

③ 将蝴蝶结和机械抓结一端连接,绳索尾部。

4. 注意事项

① 操作前应着全套 PPE 救援装备,认真检查器材老化、损坏情况。

② 单绳做可回收时,中间不能做回收点。

③ 制作蝴蝶结时要大于圆形锚点,不能使锁扣横向受力。

④ 机械抓结可回收系统,注意机械抓结受力方向。

⑤ 下降时先装止坠器,下降器不能装反。

⑥ 在操作过程中,根据锚点位置来判断是否需要增加保护系统(绳索保护套或布垫子)。

三、组合可回收系统

1. 训练目的

通过训练,使救援人员熟练掌握组合可回收系统制作。在进行救援时需要快速解脱系统装备及撤离,我们就需要根据现场不同情况来制作不一样的可回收系统,从而完成整体救援行动的保障。

2. 场地器材

在训练塔圆围杆(直径大于锁扣长度 3 倍)上设置 10.5 毫米主绳与辅绳各一根,绳尾 20 厘米处打上止结,滑轮两个、钢丝绳两条、锁扣两个、PPE 救援装备一套。

图 4-4-5 组合可回收系统

● 视频演示

3. 操作程序

① 用牵引绳固定牵引主绳至需要制作锚点的建筑物,在绳索一侧打好蝴蝶结。

② 将蝴蝶结和钢丝绳一端连接,另一端用滑轮连接好,绳索尾部打好防脱结。

③ 将牵引绳固定在蝴蝶结之间,向下拉动主绳直至系统架设完毕。

4. 注意事项

① 操作前应着全套 PPE 救援装备,认真检查器材老化、损坏情况。

② 在制作组合可回收系统时,要检查环境及结构是否受限制。

③ 制作蝴蝶结时要大于圆形锚点,不能使锁扣横向受力。

④ 下降时先装止坠器,下降器不能装反。

⑤ 在操作过程中,根据锚点位置来判断是否需要增加保护系统(绳索保护套或布垫子)。

四、人体锚点(导向绝对锚点)可回收系统

1. 训练目的

通过训练,使救援人员熟练掌握人体可回收系统制作。将

锚点设置在人员上面或在地面上可以到达的建筑物上,这是最简单的系统,我们甚至可以把地面锚点处的绳结换成两个下降器,从而获得一个不仅可回收,而且预先设置好的救援下放系统(活锚点)。

2. 场地器材

在训练塔圆围杆(直径大于锁扣长度 3 倍)上设置 10.5 毫米主绳与辅绳各一根,绳尾 15 厘米处打上止结,PPE 救援装备一套。

3. 操作程序

① 操作人员着全套 PPE 救援装备,在操作区域前做好操作准备。

② 确认绳索的两端绳头或绳尾垂直至地面。

③ 制作两个八字结,将绳头或绳尾牵引绳固定牵引至需要制作锚点的建筑物。

④ 将八字结分别连接一把锁,然后将每把主锁与到地面的人员或地面绝对锚点直接连接。

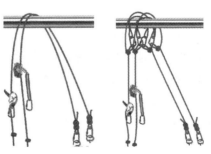

图 4-4-6　人体锚点可回收系统

● 视频演示

4. 注意事项

① 操作前应着全套 PPE 救援装备,认真检查器材老化、损坏

情况。

②　单绳做可回收时,中间不能做回收点。

③　下降时看好哪条绳索是下降绳,下降器不能装反。

④　下方人体锚点不得少于 3 人,下降时只能一次通过一个人。

⑤　在操作过程中,根据锚点位置来判断是否需要增加保护系统(绳索保护套或布垫子)。

第五章　绳索救援技术

第一节　初级绳索救援技术应用

一、组装个人防护装备

（一）简介

绳索救援个人装备是救援人员最常用的工具之一，详情参照本书第三章第二节，这里不再过多赘述。无论是训练还是在救援任务中都需要做好上绳前的检查，确保连接部位器材属于绝对放心状态，个人装备专人专用。

（二）穿戴前注意事项

1. 个人装备穿着符合标准。

2. 装备必须有认证标准和来历。

3. 安全带要配备适合的型号。

4. 能够识别装备损伤和缺陷。

5. 遵守规则及章程说明书使用。

6. 使用前要检查所有装备。

7. 穿着安全带时要确保安全带贴合身体，腰部收紧，安全带多余部分整理收齐，安全带 A 保护点要在后背腋下，保证安全带两个 A 点垂直于身体,安全带松紧以胸前一个手掌可通过握拳时无法抽出拳头为标准。

图 5‑1‑1 个人防护装备穿戴图示

(三) 装备组装

1. 组成

个人防护装备由头盔、安全带、止坠器、下降器、手柄上升器、脚踏绳、短连接、牛尾绳、锁扣等组成。

图 5‑1‑2 个人防护装备(后附彩图)

2. 组装

组装个人防护装备时,在使用自制牛尾绳时应采取 1.7 米的动力绳,并且制作反手结和桶结来连接器材装备和保护站。制作的绳结收紧受力绳后绳尾余长在 10~15 厘米之间。

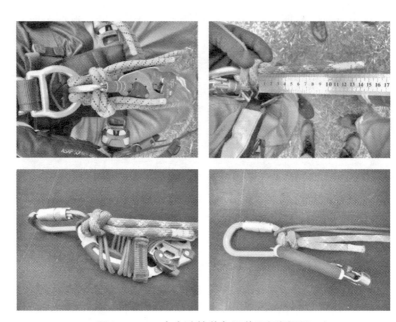

图 5-1-3　个人防护装备组装(后附彩图)

3. 注意事项

穿戴个人防护装备时所带来的风险是需要注意的安全点,例如,牛尾绳的收整(图 5-1-4 中左图为正确的收整方式;右图为错误的收整方式,在实际救援中会带来绊倒的风险隐患)。

图 5-1-4　牛尾绳的收整

4. 检查装备

个人防护装备(PPE)穿戴好后,应再次检查。检查的原则一般为先自己检查,再相互检查,装备使用前应在地面上绳测试。

图5-1-5 个人防护装备检查(后附彩图)

装备按照以下顺序检查:

① 检查头盔佩戴是否正确;头灯电量是否充足;护目镜、耳罩安装是否牢固。

② 检查安全带穿着是否正确(有无翻转、打卷现象);肩带、腰带、腿环是否拉紧,多余部分是否收整到位。

③ 检查止坠器的安装是否正确,是否按 A 保护点安装(此时查看止坠器、势能缓冲包的安装方向是否正确)。

图5-1-6 个人防护装备的自检与相互检查

④ 检查胸式上升器、手柄上升器安装是否正确,连接部件位置是否牢固。

⑤ 检查牛尾绳的制作绳结是否正确(确认绳结收紧并保持受力状态),所连接的装备是否牢固。

⑥ 检查下降器是否安装正确(器材内部辅件有无回弹等情况)。

二、个人救援技术

(一)上升与下降转换

1. 训练目的

通过训练,使救援人员熟练掌握双绳救援技术中上升、下降的实战应用方法。上升与下降是绳索救援基础,也是个人前进、后退的必备技能。

2. 场地器材

在训练塔窗口处预设两处锚点(锚点分别悬 10.5 毫米主绳与辅绳,绳尾 15 厘米处打上止结,与地面间隔 0.5 米),配备双绳救援个人防护装备一套。

3. 操作程序

① 操作人员着个人防护装备(PPE)至绳尾处立正站好,将辅绳装入止坠器并推至最高点,主绳装入胸式上升器和手柄上升器,右脚踏入脚踏绳圈,双手握住手柄上升器,推至最高点并保持重心,踩踏脚踏绳呈站立姿势,主绳通过胸式上升器后缓慢坐下,恢复胸式上升器承受负载,重复上升动作,直至到达窗口。

② 取下下降器连接于吊带 D 型吊环(腰前安全带 D 型环),将胸式上升器下端主绳装入下降器并收紧关闭,踩踏脚踏绳呈站立姿势,打开胸式上升器取出主绳,缓慢坐下,使下降器承受负载,取下手柄上升器并收整于腰间,打开下降器缓慢下降至地面。

图 5-1-7 上升与下降转换(后附彩图) ● 视频演示

4. 操作要求

① 训练时着抢险救援服,佩戴好个人防护装备。

② 主锁锁门以及未使用器材应全部关闭,防止其他装备器材磕碰挂带。

③ 止坠器不得承受负载,严禁低于腰部。

④ 开始上升时,胸式上升器经常会出现走绳不畅,甚至不走绳的情况(因为此时主绳没有一定的重量),此时可以将主绳搭到左右脚面。

⑤ 操作过程中应当使手臂处于止坠器连接辅绳的下方(因为发生冲坠时止坠器会因受力迅速工作,此时如果手臂在止坠器上方会给救援人员带来一定风险)。

⑥ 下降时锁门的方向是向内朝下,下降速度严禁过快(用安装下降器、止坠器标准进行对比),在空中悬停时,必须将下降器止锁,并保证止坠器高于肩膀。

⑦ 转换下降状态拆除胸式上升器时,需要注意避免刮坏绳皮并且将带齿状物整备立即关门,以免造成风险危害。

（二）微距上升与下降

1. 微距上升

（1）训练目的

通过训练，使救援人员熟练掌握利用下降器短距离上升的方法。

（2）场地器材

在训练塔窗口处预设两处锚点（锚点分别悬挂 10.5 毫米主绳与辅绳，绳尾 15 厘米处打上止结，与地面间隔 0.5 米），配备双绳救援个人防护装备一套。

（3）操作程序

将辅绳装入止坠器并推至最高点，主绳装入下降器并收紧关闭，手柄上升器装入下降器上方主绳并推至最高点，左手握住手柄上升器保持重心，踩踏脚踏绳呈站立姿势，右手握住下降器余绳 10 厘米处，小指上挑打开下降器手柄，向上提拉余绳，主绳通过下降器后，迅速下拉余绳保持制动，左手关闭下降器，重复上升动作，直至到达窗口。

图 5－1－8　微距上升（后附彩图）

● 视频演示

（4）操作要求

① 作业前安全检查。包括锚点是否安全牢固，安全带的各个

方面是否妥当,锁扣状况是否良好,绳索状况是否异样。

②　使用装备时要选择适当绳径的绳索,提高救援效率,确保作业安全。

③　主锁锁门以及未使用器材应全部关闭,所有主锁在操作的过程中必须保持锁扣朝下并上锁的状态。

④　上升练习时要做到绳上直立动作,身体不要左右晃动。

2. 微距下降

(1)训练目的

通过训练,使救援人员熟练掌握利用胸式上升器短距离下降的方法。

(2)场地器材

在训练塔窗口处预设两处锚点(锚点分别悬挂 10.5 毫米主绳与辅绳,绳尾 15 厘米处打上止结,与地面间隔 0.5 米),配备双绳救援个人防护装备一套。

(3)操作程序

操作人员着个人防护装备至窗口处准备下降,将辅绳装入止坠器并推至最高点,主绳装入胸式上升器,手柄上升器装入胸式上升器上方主绳并推至最高点,骑坐窗口收紧主绳,转身出窗缓慢坐

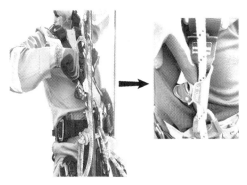

图 5-1-9　微距下降(后附彩图)

● 视频演示

态。观察蝴蝶结是否在同一水平线,若辅绳蝴蝶结低于或平行主绳蝴蝶结,则先行通过辅绳蝴蝶结,反之则先行通过主绳蝴蝶结。将另一个止坠器安装于蝴蝶结上方辅绳,取下蝴蝶结下方止坠器收整于腰间。

② 将手柄上升器安装于主绳蝴蝶结上方并推至最高点,左手握住手柄上升器保持重心,踩踏脚踏绳呈站立姿势,右手打开胸式上升器,装入蝴蝶结上方主绳,关闭胸式上升器缓慢坐下,使胸式上升器承受负载,断开下降器连接,继续上升直至到达窗口。

图 5‒1‒10 上升通过绳结(后附彩图) ● 视频演示

(4) 操作要求

① 所有主锁在操作的过程中必须保持锁扣朝下并上锁的状态。

② 绳索遇有柱体、窗沿、墙壁等棱角时,需用岩角保护器、护绳套、水带皮、衣物或毛巾等物垫于下方,避免绳索磨损。

③ 绳索架设要采取双绳系统,不同系统使用不同颜色绳索,以便直观识别,并需同步制作后备系统。

2. 下降通过绳结

(1) 训练目的

通过训练,使救援人员熟练掌握 PPE 双绳救援技术下降时通过绳结的方法。

（2）场地器材

在训练塔窗口处预设两处锚点（锚点分别悬挂 10.5 毫米主绳与辅绳，距离锚点 5 米处打上一个蝴蝶结，绳尾 15 厘米处打上止结，与地面间隔 0.5 米），配备双绳救援个人防护装备一套。

（3）操作程序

① 操作人员着个人防护装备至窗口处准备下降，利用 PPE 双绳救援技术下降至距蝴蝶结 10 厘米位置，转换为上升状态，观察蝴蝶结是否在同一水平线，若辅绳蝴蝶结低于或平行主绳蝴蝶结，则先行通过主绳蝴蝶结，反之则先行通过辅绳蝴蝶结。

② 将下降器安装于主绳蝴蝶结下方，左手握住手柄上升器保持重心，踩踏脚踏绳呈站立姿势，右手打开胸式上升器取出主绳，缓慢坐下，使下降器承受负载，取下手柄上升器收整于腰间，将另一个止坠器安装于辅绳蝴蝶结下方，收整辅绳蝴蝶结上方止坠器，缓慢下降至地面。

图 5-1-11　下降通过绳结（后附彩图）　● 视频演示

（4）操作要求

① 训练时着抢险救援服，佩戴好个人防护装备。

② 挂锁锁门以及未使用器材应全部关闭。

③ 止坠器不得承受负载,不得低于腰部,时刻保持冲坠系数。

④ 主绳和辅绳不得缠绕,防止绳索摩擦切割。

(四) 通过偏离点

1. 通过单偏离点

(1) 训练目的

通过训练,使救援人员熟练掌握 PPE 双绳救援技术通过单偏离点的方法。适用于城市或山岳救援中摩擦点的规避,增加安全性。

(2) 场地器材

在训练塔四楼窗口处预设两处锚点(锚点分别悬挂 10.5 毫米主绳与辅绳,绳尾 15 厘米处打上止结),二楼窗口处预设一处单偏离锚点,救援绳穿过锁扣,与地面间隔 0.5 米,配备双绳救援个人防护装备一套。

(3) 操作程序

① 操作人员着全套个人防护装备至绳尾处立正站好,使用单结把主绳与辅绳绳尾连接在一起,采用 PPE 双绳救援技术上升至偏离点位置,将余绳装入偏离点空余挂锁,上拉余绳将绳尾的单结卡在空余挂锁处,打开偏离锚点锁扣,缓慢释放余绳后移,直至垂直于四楼锚点。

② 继续上升,到达窗口后,转换下降至偏离锚点位置,回拉余绳靠近偏离点,将下降器上方救援绳挂入偏离点挂锁,打开空余挂锁释放救援绳,缓慢下降至地面。

(4) 操作要求

① 训练时着抢险救援服,佩戴好个人防护装备。

② 主锁锁门以及未使用器材应全部关闭,防止其他装备器材磕碰挂带。

③ 止坠器不得承受负载,严禁低于腰部。

④ 开始上升时,胸式上升器会经常出现走绳不畅,甚至不走绳的情况(因为此时主绳没有一定的重量),可以将主绳搭到左右脚面。

⑤ 操作过程中应当使手臂处于止坠器连接辅绳的下方(因为发生冲坠时止坠器会因受力迅速工作,此时如果手臂在止坠器上方会给救援人员带来一定风险)。

⑥ 下降时锁门的方向应向内朝下,下降速度严禁过快(用安装下降器、止坠器标准进行对比),在空中悬停时,必须将下降器止锁,并保证止坠器高于肩膀。

⑦ 转换下降状态拆除胸式上升器动作时,需要注意避免刮坏绳皮并且带齿状物整备后应立即关门,以免造成风险危害。

2. 通过双偏离点

(1) 场地器材

在训练塔四楼窗口处预设两处锚点(锚点分别悬 10.5 毫米主绳与辅绳,绳尾 15 厘米处打上止结),二楼窗口处预设一处双偏离锚点,救援绳穿过挂锁,与地面间隔 0.5 米,配备双绳救援个人防护装备一套。

(2) 操作程序

① 操作人员着全套个人防护装备至绳尾处立正站好,使用单结把主绳与辅绳绳尾连接在一起,采用 PPE 双绳救援技术上升至偏离点位置,转换为下降状态,使用牛尾绳连接偏离锚点,将另一个止坠器安装在偏离点上方主绳,手柄上升器、胸式上升器安装在偏离点上方辅绳(此时主绳改变为辅绳,辅绳改变为主绳),断开牛尾绳,上升 0.3 米后,缓慢释放下降器直至垂直于四楼锚点,断开偏离锚点下方止坠器和下降器,继续上升,到达窗口后,转换下降

至偏离锚点位置。

② 回拉余绳靠近偏离点,使用牛尾绳连接偏离锚点,将胸式上升器、手柄上升器安装在偏离锚点下方主绳,另一个止坠器安装在偏离锚点下方辅绳,缓慢释放下降器直至垂直于偏离锚点,断开牛尾绳连接,收整偏离锚点上方止坠器和下降器,转换下降至地面。

(3) 操作要求

① 主锁锁门以及未使用器材应全部关闭,防止其他装备器材磕碰挂带。

② 止坠器不得承受负载,严禁低于腰部。

③ 开始上升时,胸式上升器会经常出现走绳不畅,甚至不走绳的情况(因为此时主绳没有一定的重量),可以将主绳搭到左右脚面。

④ 操作过程中应当使手臂处于止坠器连接辅绳的下方(因为发生冲坠时止坠器会因受力迅速工作,此时如果手臂在止坠器上方会给救援人员带来一定风险)。

⑤ 下降时锁门的方向应向内朝下,下降速度严禁过快(用安装下降器、止坠器标准进行对比),在空中悬停时,必须将下降器止锁,并保证止坠器高于肩膀。

⑥ 转换下降状态拆除胸式上升器动作时,需要注意避免刮坏绳皮并且带齿状物整备后应立即关门,以免造成风险危害。

(五) 通过中途锚点

1. 训练目的

通过训练,使参训人员掌握外出执行救援任务时绳索不够长及摩擦点的处理,通过打结清理出摩擦点(蝴蝶结),绳索连接处打结(反穿单八字结/双渔人结),以及利用中途锚点解决角度过大或摩擦点过多的方法,完成大角度通过的控制。

2. 场地器材

在训练塔四楼窗口处预设两处锚点(锚点分别悬挂 10.5 毫米主绳与辅绳,绳尾 15 厘米处打上止结),二楼窗口处预设一处中途锚点,角度 45 度以上。救援绳打蝴蝶结形成半圈(绳圈直径不少于 10 厘米),与地面间隔 0.5 米,配备双绳救援个人防护装备一套。

3. 操作步骤

① 上升至接近绳结然后停止,但切勿让手柄上升器过分紧接绳结,防止手柄上升器无法卸掉。转换成下降状态,微距上升至离最高处 5 厘米,锁定下降器,止坠器往上推。将第二个止坠器安装到即将要进行上升的 U 型副绳上。

② 同时将胸式上升器安装到将要进行上升的 U 型主绳子上。在作业时有 15°以上的角度发生时必须有 4 个安全点,保证 4 个安全点穿过 U 型。把将要使用的主绳从胸式上升器中往下拉,至胸式上升器稍微承重,同时保证副绳上的止坠器保持在安全的高度。一直让胸式上升器向上,下降按照程序依次进行。

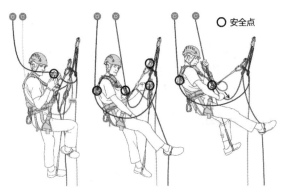

○ 安全点

图 5－1－12　通过中途锚点

● 视频演示

4. 操作要求

① 训练时着抢险救援服,佩戴好个人防护装备。

② 挂锁锁门以及未使用器材应全部关闭。

③ 止坠器(ASAP LOCK 或 DUCK)不得承受负载。

④ 主绳和辅绳不得缠绕,要分清绳索,绳索管理要明确。

(六) 平台翻越通过绳索保护器

1. 训练目的

通过训练,使救援人员熟练掌握 PPE 双绳救援技术通过绳套保护器的方法。

2. 场地器材

在训练塔平台处预设两处锚点(锚点分别悬挂 10.5 毫米主绳与辅绳,平台边缘使用绳套保护器(套)包裹,绳尾 15 厘米处打上止结,与地面间隔 0.5 米),设保护绳一根,长度距平台拐角 40 厘米,配备双绳救援个人防护装备一套。

图 5 - 1 - 13　通过绳索保护器　　● 视频演示

3. 操作程序

采用 PPE 双绳救援技术上升至绳套保护器位置,打开绳套保护器,先将止坠器推至最高点通过保护器,取下手柄上升器重新安装在平台边缘上方主绳,握住手柄上升器保持重心,踩踏脚踏绳圈呈站立姿势,使胸式上升器通过平台边缘,继续上升到达平台后将保护绳连接吊带,恢复绳套保护器,断开主绳和辅绳的连接。

4. 操作要求

① 作业过程中,必须确保任何时候都穿着防护装备,落实安全防护"三查"要求(自查、互查、安全员检查),注意自我保护和相互保护。

② 选择稳固的锚点,或选择多固定点均力方式架设,架设时注意固定点的受力方向及受力角度。

③ 止坠器不得承受负载,不得低于腰部。

④ 主绳和辅绳不得缠绕,防止摩擦切割。

⑤ 翻越操作前要做好限位保护,下降状态安装完毕成为受力状态方可解开。

(七) 串绳技术

1. 训练目的

通过训练,使参训人员掌握外出救援任务中,在局限空间里人员被困,无法从上方垂直下降到达被困人员,利用串绳左右横向移动,从而解救被困人员的方法。

2. 场地器材

在训练塔四楼窗口处预设两处锚点(锚点分别悬 10.5 厘米主绳与辅绳,绳尾 15 厘米处打上止结),相距 7～8 米,与地面间隔 0.5 米,配备双绳救援个人防护装备一套。

图 5 - 1 - 14 串绳技术场地绳索示意图

3. 操作步骤

操作人员着全套个人防护装备上升至所需高度,转换为下降状态,卸下手柄上升器和胸式上升器,将备用止坠器装入一条绳索副绳,胸式上升器装入另一条绳索主绳,将手柄上升器装入胸式上升器的上方拉紧胸式上升器,使胸式上升器受力,下降一点,收一点胸式上升器,直至下降器完全不受力,卸下止坠器,卸下下降器,将下降器装入胸式上升器下方主绳,卸下胸式上升器和手柄上升器,下降至地面。

图 5 - 1 - 15 串绳技术

● 视频演示

4. 操作要求

① 作业前安全评估。综合研究判断现场地形、气候、风速、视线等环境因素。

② 进行安全复检。系统架设完毕后,必须实施最后的安全总检查,包括固定点检查、系统检查、作业人员着装检查三个方面。

③ 所有主锁在操作的过程中必须保持锁扣朝下并上锁的状态。

④ 绳索遇有柱体、窗沿、墙壁等棱角时,需用岩角保护器、护绳套、水带皮、衣物或毛巾等物垫于下方,避免绳索磨损。

⑤ 在有角度(15°以上)处行进时,绳索上必须保证四个安全点的连接。

(八) 固定式辅助攀登

1. 训练目的

通过训练,使救援人员熟练掌握 PPE 双绳救援技术中利用固定锚点进行移位的方法。(情景假设:现场是一岩洞(大楼顶部),落差较大,底部河水急、流动大,需要安装挂片从顶部通过,开辟路线通过对立面救援)。

2. 场地器材

在训练塔围杆两端预设工作绳锚点一个(锚点分别悬挂 10.5 毫米主绳与辅绳,绳尾 15 厘米处打上止结,与地面间隔 0.5 米),围杆中间设间距 30 厘米固定锚点八个,配备双绳救援个人防护装备一套,脚踏绳两根。

3. 操作程序

采用 PPE 双绳救援技术上升至围杆位置,使用短连接扁带,连接 D 型吊环(腰前安全带 D 型环)悬挂第一个固定锚点,将牛尾绳和脚踏绳连接在第二个固定锚点,断开工作绳连接,使第一个固定锚点承受负载,收整止坠器,开始平移,长牛尾转移至短连接扁带,站立转移短连接扁带至短牛尾锚点,前移短牛尾至下一个锚点,前移长牛尾至短连接扁带锚点,前移短连接扁带至短牛尾锚

点,前移短牛尾至下一个锚点,前移长牛尾至短连接扁带锚点,前移短连接扁带至短牛尾锚点,直至到达下降工作绳位置,安装下降器和止坠器下降至地面。

图 5 - 1 - 16　固定式辅助攀登

4. 操作要求

● 视频演示

① 训练时着抢险救援服,佩戴好个人防护装备。

② 挂锁锁门以及未使用器材应全部关闭。

③ 在行进固定点时要随时保证两个安全点。

④ 将两根脚踏绳调整到能够让身体保持平衡。

(九)移动式辅助攀登

1. 训练目的

通过训练,使救援人员熟练掌握 PPE 双绳救援技术利用移动锚点移位的方法。

2. 场地器材

在训练塔围杆两端预设工作绳锚点一个(锚点分别悬挂 10.5 毫米主绳与辅绳,绳尾 15 厘米处打上止结,与地面间隔 0.5 米),配备双绳救援个人防护装备一套,钢制锚点绳三根,脚踏绳两根。

3. 操作程序

采用 PPE 双绳救援技术上升至围杆位置,使用钢制锚点绳在围杆制作三个移动锚点,将牛尾绳和脚踏绳连接到第一个钢制锚点绳,第二个钢制锚点绳使用短连接扁带连接 D 型吊环(腰前安全带 D 型环),打开胸式上升器悬挂于第二个钢制锚点绳,长牛尾绳和脚踏绳连接第三个钢制锚点绳(此时自身负载全部转移至钢制锚点),收整止坠器开始平移,第一个钢制锚点绳向前移动一定距离,踩住绳梯和脚踏绳呈站立姿势,移动第二个钢制锚点绳,缓慢坐下移动第三个钢制锚点绳,以此方法继续平移直至到达下降绳位置,安装下降器和止坠器下降至地面。

图 5 - 1 - 17　移动式辅助攀登

● 视频演示

4. 操作要求

① 作业前安全检查。包括锚点是否安全牢固,安全带的各个方面是否妥当,锁扣状况是否良好,绳索状况是否异样。

② 绳索架设要采取双绳系统,不同系统使用不同颜色绳索,以便直观识别。

③ 移动时要按照顺序进行钢制锚点前进,不可跨越。

④ 利用钢制锚点过封闭位置时要利用牛尾绳做牵引,防止器材脱落。

(十) 垂直爬梯

1. 训练目的

通过训练,使救援人员熟练掌握 PPE 双绳救援技术攀爬垂直直梯的方法。

2. 场地器材

在训练塔平台处预设直梯与地面垂直,配备防坠落挽索一套,双绳救援个人防护装备一套。

3. 操作程序

用 PPE 双绳救援技术攀爬垂直直梯,先安装防坠落挽索(龙爪钩大开口锁扣),安装时两个大开口锁扣不能在同一提档,安装完毕后徒手攀爬向上行进,攀爬过程中防坠落挽索低于肩部时,应停止攀爬并将最下方大开口锁扣重新安装在最上端提档,依次交替向上攀爬,直至达到平台进入安全区域。

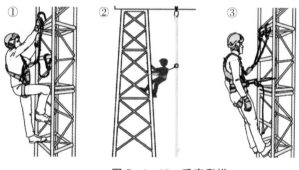

图 5 - 1 - 18　垂直爬梯

● 视频演示

4. 救援或休息时的安全保护

① 用牛尾绳环绕固定物后锁在胸、腹环上。

② 将牛尾绳上的主锁锁在攀爬钩的下孔里,再将牛尾绳安装至胸式上升器内,此方法方便调节固定高度。

5. 垂直生命线的使用

救援队需要多人攀登时,需要先锋队员携带一条垂直生命线绳索攀爬至高点垂直铺设,下方将绳索固定收紧,后续队员将止坠器安装在垂直生命线上之后,即可攀爬,无须使用龙爪钩进行攀爬,注意止坠器高度应尽量位于肩以上。

6. 操作要求

① 攀爬时要保证龙爪钩完全止锁后再转换另外一个。

② 攀爬时应依次交替转换,龙爪钩始终高于胸部 A 点挂环。

③ 防坠落挽索不得承受负载。

④ 设置垂直生命线时,要注意与直梯摩擦点的处理,生命线应做收紧处理。

⑤ 应保持至少有两个连接,且一个可靠连接位于肩以上,严禁使用静力绳或扁带替代势能吸收器。

第二节　中级绳索救援技术应用

一、下降状态救援

1. 训练目的

通过训练,使参训人员在执行任务中出现突发状况或其他问题时,能够快速想到解决办法,重点掌握与被困人员的连接和携带技术(条件:被困人员处于下降状态),从而达到快速救援的目的。

2. 场地器材

在训练塔窗口处预设两处锚点(锚点分别悬挂 10.5 毫米主绳与辅绳,绳尾 15 厘米处打上止结,与地面间隔 0.5 米),配备双绳救援个人防护装备一套,绳索中段设失去自主行动能力的被困人员一名。

3. 操作步骤

知道被困者主、副绳时,自己上升时,止坠器要挂于被困者的主绳,胸式上升器卡入被困者的副绳;不知道情况下,可随意挂升。

① 利用被困者副绳上升至被困位置,将救助者止坠器进行转换(利用备份止坠器),越过被困者的下降器,将被困者的止坠器进行止锁并向上推送,将被困者从平躺姿势调整为坐立姿势。此时,救助者继续上升至高点(上升越过被困者是因为释放被困者下降器时能够起到高效作用,释放行程短)。

② 救助者转换下降状态,开始对被困者继续连接。利用短连接对自身下降器与被困者的胸部 D 型吊环进行连接,利用备份牛尾绳对被困者腰部 D 型吊环进行连接。

③ 解除被困者的止坠器,释放下降器,短连接缓慢受力并要与下降器锁扣连接。此时,被困者重量转移到下降器锁扣上(解除被困者身上与绳索连接点时,必须确保自身与被困者有不少于 2 个安全连接点)。

④ 调整下降姿势,下降器进绳端增加锁扣(形成打折点增加摩擦力)控制下降速度。

⑤ 从止坠器、下降器摩擦锁扣处进出的绳索要保证无绳索切割、摩擦、缠绕现象出现。

图 5‑2‑1　下降状态救援　　　● 视频演示

4. 操作要求

① 训练时着抢险救援服,佩戴好个人防护装备。

② 挂锁锁门以及未使用器材应全部关闭。

③ 止坠器不得承受负载。

④ 主绳和辅绳不得缠绕。

⑤ 在进行救援时要随时关注被困人员的生命体征,以防出现悬吊综合征。

5. 注意事项

① 操作时应按操作程序,逐步完成,确保无安全隐患。

② 下降器锁门应向内朝下,携带下降时必须增加一个制动摩擦点。

③ 装备严禁掉落地面。

④ 人员始终保持两点可靠连接,牛尾绳连接到被困人员腹环,短连接接到被困人员胸环。

⑤ 下降器手柄未关闭时,一定要有制动措施。

⑥ 严禁造成冲坠,出现安全隐患。

⑦ 落地时被困人员需呈 W 姿势,人员撤离系统后缓慢将被困人员放平。

二、上升状态救援

1. 训练目的

通过训练,使参训人员在执行任务中出现突发状况或其他问题时,能够快速想到解决办法,重点掌握与被困人员的连接和携带技术(条件:被救人员处于上升状态),从而达到快速救援的目的。

2. 训练场地

在训练塔窗口处预设两处锚点(锚点分别悬挂 10.5 毫米主绳

与辅绳,绳尾 15 厘米处打上止结,与地面间隔 0.5 米),配备双绳救援个人防护装备一套,绳索中段设失去自主行动能力的被困人员一名。

3. 操作步骤

① 上升至被困人员上方并尽可能往上走,整理装备并环顾四周,为整体救援行动做铺垫。

② 将备用止坠器挂于被困人员胸式上升器上方,卸下胸式上升器下方止坠器。

③ 上升至胸式上升器与被困人员止坠器只有一小段距离时,将被困人员的止坠器止锁推高,使被困人员坐立起来,转换为下降状态(装入下降器,卸下胸式上升器、手柄上升器)。

④ 将牛尾绳一端装入被困人员腰环(安全带腰部 D 型吊环)。

⑤ 取下短连接扁带,先将一端连接被困人员安全带(胸部 D 型挂环——A 点),另一端连接自己的下降器锁扣。

图 5-2-2　上升状态救援　　　● 视频演示

⑥ 解除被困人员止坠器(解除被困人员身上与绳索连接点时,必须确保自身与被困人员有不少于 2 个安全连接点),并且将自身手持上升器装入被困人员胸升上方大约 25 厘米处(根据自身身高来调整距离)。

⑦ 利用脚踏绳穿过手持上升器锁扣,连接被困人员腰部 D 型吊环(形成对折)。另一端利用自身重量进行配重,并且提拉被困人员使胸升绳索松弛,解除胸升缓慢卸力,将短连接受力与下降器锁扣上。

⑧ 调整下降姿势,下降器进绳端增加锁扣(形成打折点,增加摩擦力)控制下降速度。从止坠器、下降器摩擦锁扣处进出的绳索要保证无绳索切割、摩擦、缠绕现象出现。

4. 注意事项

① 操作时应按操作程序,逐步完成,确保无安全隐患。

② 下降器锁门应向内朝下,携带下降时必须增加一个制动摩擦点。

③ 装备严禁掉落地面。

④ 人员始终保持两点可靠连接,牛尾绳连接到被困人员腹环,短连接接到被困人员胸环。

⑤ 下降器手柄未关闭时,一定要有制动措施。

⑥ 严禁造成冲坠,出现安全隐患。

⑦ 落地时被困人员需呈 W 姿势,人员撤离系统后缓慢将被困人员放平。

三、过结救援

1. 训练目的

通过训练,使参训人员在执行任务中出现突发状况或其他问题时,能够快速想到解决办法,从而达到快速救援的目的(条件:被困人员处于绳结上方上升状态)。

2. 训练场地

在训练塔窗口处预设两处锚点(锚点分别悬挂 10.5 毫米主绳

与辅绳,并且在绳中水平位置制作蝴蝶结两个,绳尾 15 厘米处打止结,与地面间隔 0.5 米),配备双绳救援个人防护装备一套,绳索中段设失去自主行动能力的被困人员一名。

3. 操作流程

① 上升至被困人员上方时,整理装备并环顾四周,为整体救援行动做铺垫。

② 将备用止坠器挂于被困人员下降器上方,卸下下降器下方止坠器。

③ 上升至胸式上升器与被救人员止坠器只有一小段距离时,转换为下降状态(装入下降器,卸下胸式上升器、手柄上升器)。

④ 将牛尾绳一端装入被救人员腰环(安全带腰部 D 型吊环)。

⑤ 取下短连接扁带,先将一端连接被困人员胸部挂环带(胸部 D 型挂环——A 点),另一端连接自己的下降器挂环。

⑥ 下降被困人员下降器,使被困人员受力于牛尾绳和短连接上。

图 5-2-3 过结救援

● 视频演示

绳索救援技术

⑦ 卸下被困人员止坠器和下降器。

⑧ 下降到离绳结 2 米的位置停止,在副绳蝴蝶结的位置上再打一个蝴蝶结,蝴蝶结收到手够不到的地方。

⑨ 把被困人员的下降器连接到救援人员胸部挂环和短连接挂环上,下降器装入副绳。

⑩ 卸下副绳的止坠器,下降主绳的下降器,使副绳的下降器受力。

⑪ 主绳在绳结下面安装止坠器,卸下主绳的下降器。

4. 操作要求

① 训练时着抢险救援服,佩戴好个人防护装备。

② 挂锁锁门以及未使用器材应全部关闭。

③ 止坠器不得承受负载。

④ 转换过程中注意绳索管理,主绳和辅绳不得缠绕。

⑤ 绳结制作过程中,绳结要正确并且注意下降位置,要预估出打结的高度。

5. 注意事项

① 操作时应按操作程序,逐步完成,确保无安全隐患。

② 下降器锁门向内朝下,携带下降时必须增加一个制动摩擦点。

③ 转换时必须要有四个以上的保护点。

④ 人员始终保持两点可靠连接,牛尾绳连接到被困人员腹环,短连接到被困人员胸环。

⑤ 下降器手柄未关闭时,一定要有制动措施。

⑥ 严禁造成冲坠,出现安全隐患。

⑦ 落地时被困人员需呈 W 姿势,人员撤离系统后缓慢将困人员放平。

四、串绳救援

（一）串绳 1 对 1 救援

1. 训练目的

通过训练,使参训人员在执行任务中面对高处工地外立面施工人员的被困救援、高空不稳定物体的排除及突发状况或其他问题时,能够快速想到解决办法,从而达到快速救援的目的(条件:被困人员处于上升状态)。

2. 场地器材

在训练塔窗口处预设两处锚点,两组绳索(锚点分别悬挂 10.5 毫米主绳与辅绳,绳尾 15 厘米处打上止结,与地面间隔 0.5 米),配备双绳救援个人防护装备一套,绳索中段设失去自主行动能力的被困人员一名。

图 5 - 2 - 4　场地搭建示意

● 视频演示

3. 操作步骤

① 上升至被困人员上方一点时,整理装备并环顾四周,为整体救援行动做铺垫。

② 将备用止坠器挂于被困人员下降器上方,卸下下降器下方止坠器。

③ 上升至胸式上升器与被困人员止坠器间隔一点点,转换为

下降状态(装入下降器,卸下胸式上升器、手柄上升器)。

④ 将牛尾绳一端装入被救人员腰环(安全带腰部 D 型吊环)。

⑤ 取下短连接,先将一端连接被救人员胸部挂环带(胸部 D 型挂环——A 点),另一端连接自己的下降器锁扣。

⑥ 下降被困人员下降器,使被困人员受力于牛尾绳和短连接上。

⑦ 卸下被困人员止坠器和下降器。

⑧ 绳 2 安装被困人员的下降器和止坠器,收紧绳 2 下降器,慢慢下降绳 1 下降器,使绳 2 下降器受力。

⑨ 卸下绳 1 的止坠器和下降器。

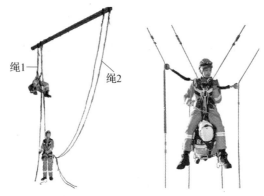

图 5-2-5　串绳 1 对 1 救援　　　　● 视频演示

4. 操作要求

① 训练时着抢险救援服,佩戴好个人防护装备。

② 挂锁锁门以及未使用器材应全部关闭。

③ 止坠器不得承受负载,注意坠落系数。

④ 转换过程中注意绳索管理,主绳和辅绳不得缠绕。

5. 注意事项

① 操作时应按操作程序,逐步完成,确保无安全隐患。

② 下降器锁门应向内朝下,携带下降时必须增加一个制动摩擦点。

③ 有角度时必须要有四个以上的保护点。

④ 人员始终保持两点可靠连接,牛尾绳连接到伤员腹环,短连接接到伤员胸环。

⑤ 下降器手柄未关闭时,一定要有制动措施。

⑥ 严禁造成冲坠,出现安全隐患。

⑦ 落地时伤员需呈 W 姿势,人员撤离系统后缓慢将伤员放平。

⑧ 全程要使两个止坠器位于相对较高的位置,且应当及时调节高度。

⑨ 注意两绳夹角≤90°。

⑩ 当第一组绳不再承重时,拆掉下降器和止坠器。

(二) 串绳交叉中救援

1. 训练目的

通过训练,使参训人员在执行任务中,面对高处工地外立面施工人员的被困救援、高空不稳定物体的排除及突发状况或其他问题时,能够快速想到解决办法,从而达到快速救援的目的(条件:被救人员处于串绳交叉状态,人员在串绳时被困在串绳中途,救援人员分别从被困人员胸式上升器、下降器端进行救援)。

2. 场地器材

在训练塔窗口处预设两处锚点,两组绳索(锚点分别悬挂 10.5 毫米主绳与辅绳,绳尾 15 厘米处打上止结,与地面间隔 0.5 米),配备双绳救援个人防护装备一套,绳索中段设失去自主行动能力的被困人员一名。

(1)从胸式上升器端救援

① 救援人员分清连有胸式上升器和止坠器的绳索,用被困者

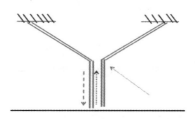

图 5-2-6　串绳交叉中救援示意

连有胸式上升器的绳索连止坠器,被困者连有止坠器的绳索连上升器。

　　② 上升时,将被困者止坠器推高,上升至与被困者相同高度位置,倒换救援者止坠器,将止坠器越过被困者胸式上升器并升高。

　　③ 救援者转换下降器,微距拉高自己位置。

　　④ 与被困者连双点,将无手柄小上升器扣在救援者下降器的上方作为滑轮导向,将救援者下降器的出绳端穿过上面的导向后,用带脚踏绳的手柄上升器咬住,脚踩带人微距上升,使被困者胸式上升器不受力,并解开胸式上升器。

　　⑤ 缓慢释放被困人员下降器,带人摆荡至垂直于锚点状态。

　　⑥ 拆下被困人员下降器和止坠器,做摩擦保护带人下降。

图 5-2-7　串绳交叉中救援(后附彩图)

● 视频演示

（2）从下降器端救援

① 分清主副绳后上升至被困人员相同高度,推高被困人员止坠器,倒换救援人员止坠器,越过被困人员下降器并推高。

② 救援人员转换为下降状态,与被困人员双点连接在腰环上,释放被困人员下降器,使救援人员下降器受力,再将被困人员下降器装在其胸式上升器下面收紧。

③ 将无手柄上升器扣在被困人员胸式上升器上方绳索,作为滑轮导向。

④ 用小细绳与被困人员做三倍力系统,将被困人员拉起后,拆下胸式上升器使被困人员下降器受力。

⑤ 释放被困人员下降器,带人摆荡至垂直锚点位置。

⑥ 拆下被困人员下降器和止坠器,做摩擦保护带人下降。

3. 操作要求

① 训练时着抢险救援服,佩戴好个人防护装备。

② 挂锁锁门以及未使用器材应全部关闭。

③ 止坠器不得承受负载,严禁低于腰部。

④ 主绳和辅绳不得缠绕,避免摩擦切割。

4. 注意事项

① 操作时应按操作程序,逐步完成,确保无安全隐患。

② 下降器锁门应向内朝下,携带下降时必须增加一个制动摩擦点。

③ 有角度时必须要有四个以上的保护点。

④ 人员始终保持两点可靠连接,牛尾绳连接到伤员腹环,短连接接到伤员胸环。

⑤ 下降器手柄未关闭时,一定要有制动措施。

⑥ 严禁造成冲坠,出现安全隐患。

绳索救援技术

⑦ 落地时伤员需呈 W 姿势,人员撤离系统后缓慢将伤员放平。

⑧ 全程要使两个止坠器位于相对较高的位置,且应及时调节高度。

⑨ 注意两绳夹角≤90°。

⑩ 当第一组绳不再承重时,拆掉下降器和止坠器。

五、偏离点救援

1. 训练目的

通过训练,使参训人员在执行任务中遇到现场情况复杂、摩擦点比较多时,可以利用偏离点来进行摩擦点的规避,从而提高整体救援系统的安全性,达到快速救援的目的(条件:被困人员处于偏离点上方,被困人员在通过偏离点时,被困在绳索中途,救援人员分别从被困人员胸式上升器、下降器端进行救援)。

2. 场地器材

在训练塔窗口处预设锚点(锚点分别悬挂 10.5 毫米主绳与辅绳,绳尾 15 厘米处打上止结,与地面间隔 0.5 米),配备双绳救援

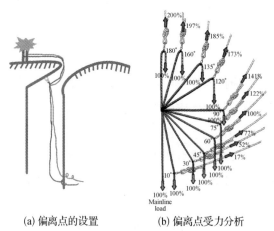

(a) 偏离点的设置   (b) 偏离点受力分析

图 5‐2‐8　偏离点救援示意

个人防护装备一套,一个无手柄上升器,3 米小细绳(3∶1 提拉使用),偏离点上方设失去自主行动能力的被困人员一名。

3. 操作步骤

① 被困人员通过偏离点上升至指定位置(胸升状态)。

② 救助人员爬升至被困人员位置,转为 1 对 1 上升状态救援。

③ 下降至偏离点锚点下 10 厘米时,停止下降取出牛尾绳挂扣偏离点,解除偏离点绳索(从锁扣里取出来)。

④ 使用小细绳(3 米)做 3∶1 倍力系统,安装手柄上升器(小细绳 3∶1 系统),提拉系统使人员靠近偏离点(手柄上升器上脚登踩住倍力系统,不让系统释放)。

⑤ 安装偏离点(安装在止坠器和下降器上方),解除手柄上升器,释放倍力系统,解除限位牛尾绳。

⑥ 收整好装备,检查绳索管理,正常下降。

4. 操作要求

① 训练时着抢险救援服,佩戴好个人防护装备。

② 挂锁锁门以及未使用器材应全部关闭。

③ 止坠器不得承受负载。

④ 注意绳索管理,主绳和辅绳不得缠绕。

5. 注意事项

① 操作时应按操作程序,逐步完成,确保无安全隐患。

② 下降器锁门应向内朝下,携带下降时必须增加一个制动摩擦点。

③ 有角度时必须要有四个以上的保护点。

④ 人员始终保持两点可靠连接,牛尾绳连接到伤员腹环,短连接接到伤员胸环。

⑤ 下降器手柄未关闭时，一定要有制动措施。

⑥ 严禁造成冲坠，出现安全隐患。

⑦ 落地时伤员需呈 W 姿势，人员撤离系统后缓慢将伤员放平。

⑧ 全程要使两个止坠器位于相对较高的位置，且应当及时调节高度。

⑨ 注意两绳夹角≤90°。

⑩ 当第一组绳不再承重时，拆掉下降器和止坠器。

六、M 型救援

1. 训练目的

通过训练，使参训人员在执行任务中出现突发状况或其他问题时，能够快速想到解决办法，从而达到快速救援的目的（条件：被困人员通过 U 型绳桥时失去意识被困，救援人员分别从被困人员胸升、下降器端进行救援。）

2. 场地器材

在训练塔窗口处预设锚点，形成 U 型绳桥，分别悬挂两组锚点（锚点分别悬挂 10.5 毫米主绳与辅绳，绳尾 15 厘米处打上止结，与地面间隔 0.5 米），PPE 双绳救援技术装备一套，一个无柄手升，3 米小细绳（3∶1 提拉使用），设失去自主行动能力的人员一名。

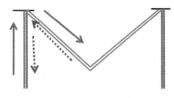

图 5-2-9　M 型救援示意

（1）从胸升端救援

① 救援人员从胸升端，上升至接近锚点处，用短连接和牛尾绳扣住 U 型绳桥。

② 转为下降状态，释放下降器顺绳桥到达被困人员位置。

③ 与被困人员连接双点，用手升、小细绳组成三倍力系统，将被困人员胸升踩起，拆下胸升。

④ 释放被困人员下降器，位移至垂直锚点处。

⑤ 拆下被困人员下降器和止坠器，做摩擦保护带人下降。

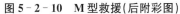

图 5-2-10　M 型救援（后附彩图）　　● 视频演示

（2）从下降器端救援

① 救援人员从下降器端上升至接近锚点处，短连接和牛尾绳扣住 U 型绳桥。

② 转为下降状态，下降至被困人员位置。

③ 与被困人员连接双点，拆下被困人员下降器，装在被困人员胸升下方，收紧下降器。

④ 用手升和小细绳组成三倍力系统将被困人员胸升踩起并拆下，缓慢下放，使被困人员下降器受力。

⑤ 释放被困人员下降器，位移至垂直锚点处。

⑥ 拆下被困人员下降器和止坠器，做摩擦保护带人下降。

3. 操作要求

① 训练时着抢险救援服,佩戴好个人防护装备。

② 挂锁锁门以及未使用器材应全部关闭。

③ 止坠器不得承受负载,交叉串绳时需要保证四个连接点。

④ 主绳和辅绳不得缠绕。

4. 注意事项

① 操作时应按操作程序,逐步完成,确保无安全隐患。

② 下降器锁门应向内朝下,携带下降时必须增加一个制动摩擦点。

③ 有角度时必须要有四个以上的保护点。

④ 人员始终保持两点可靠连接,牛尾绳连接到伤员腹环,短连接接到伤员胸环。

⑤ 下降器手柄未关闭时,一定要有制动措施。

⑥ 严禁造成冲坠,出现安全隐患。

⑦ 落地时伤员需呈 W 姿势,人员撤离系统后缓慢将伤员放平。

⑧ 全程要使两个止坠器位于相对较高的位置,且应当及时调节高度。

⑨ 注意两绳夹角≤90°。

⑩ 当第一组绳不再承重时,拆掉下降器和止坠器。

第三节　高级绳索救援技术应用

一、移动点救援

1. 训练目的

通过训练使参训人员在以后实战救援时遇到人员被困大型钢

结构、管道操作平台等现场时能够有训练经验作为支持,处置时多考虑一个安全点。以下是被困人员心理素质没问题并配合救援的情况,可采用悬空把被困人员下放的救援技术。现场模拟是大型钢结构、可靠管道、化工操作平台、桥梁、大楼顶部外延等救援人员无法正常到达被困人员身边时,需要先锋手利用钢丝锚点前进移动到达指定位置,开辟救助路径建立救援通道。

2. 场地器材

钢丝锚点绳三条,脚踏绳两条,绳包两个,被困人员置于 D、E、F 三条钢丝锚点绳,救援人员在 A、B、C 三条钢丝锚点绳。

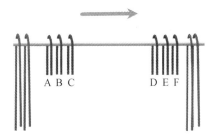

A B C   D E F

图 5-3-1 移动点救援场地绳索示意

3. 操作步骤

(1) 移动点下放救援

① 救援人员利用移动点攀登至 A、B、C 三条钢绳,两条牛尾绳挂于 A、C 两条钢绳,短连接挂于 B 钢绳。

② 用两个绳包分别打"8"字结,一条挂于被困人员腰环做主绳,一条挂于被困人员胸环做副绳。

③ 将止坠器挂于 D 钢绳卡入副绳,下降器挂于 C 钢绳卡入主绳。

④ 利用 C 钢绳挂环和被困者胸环制作 1:1 系统,卸下被困人员 E 钢绳处短连接,使下降器受力。

⑤ 卸下被困人员 D,F 钢绳处牛尾绳。

⑥ 救援人员控制下降器开关,使被困人员下放至地面。

⑦ 救援人员制作绳索可回收系统下降至地面。

图 5-3-2　移动点下放救援

● 视频演示

（2）移动点下降救援

① 救援人员利用移动点攀登至 A,B,C 三条钢绳,两条牛尾绳挂于 A,C 两条钢绳,短连接挂于 B 钢绳。

② 卸下 C 钢绳救援人员牛尾绳和 D 钢绳被困人员牛尾绳,利用 C,D 两条钢绳和两个绳包制作"Y"型锚点(大"Y"还是小"Y"根据现场情况选择)。

③ 将救援人员下降器卡入主绳,止坠器卡入副绳,利用 A 钢绳牛尾脚踏绳站立,卸下 B 钢绳短连接,使下降器受力,卸下 A 钢绳牛尾绳和 C 钢绳牛尾绳。

④ 将牛尾绳挂于被困人员腰环,短连接一端挂于下降器挂环,一端挂于被困人员胸环。

⑤ 利用 D 钢绳挂环和被困人员胸环制作 3∶1 系统,卸下被困人员 E 钢绳处短连接,使下降器挂环处短连接受力。

⑥ 卸下被困者两条牛尾绳和 3∶1 系统,制作摩擦点。

⑦ 下降至地面。

4. 操作要求

① 训练时着抢险救援服,佩戴好个人防护装备,上绳前做好

装备的检查工作。

图 5-3-3　移动点下降救援　　●视频演示

② 止坠器不得承受负载,下降系统需要保证速度及摆荡。

③ 主绳和辅绳不得缠绕,以防绳索下降摩擦。

④ 下降时要做好导向摩擦,控制下降速度,注意净空高度的问题。

⑤ 移动点前进时要按先后顺序使用,不得跨点。在操作过程中,结构有障碍物时,跨点转换过程必须随时保持两个连接点。

5. 注意事项

① 作业前安全评估。综合研判现场地形、气候、风速、视线等环境因素。

② 下降器锁门应向内朝下,携带下降时必须增加一个制动摩擦点。

③ 下降时保证人员连接点的牢固性(此时注意锁门的方向,因为在运动过程中,可能会将锁门挤开)。

④ 绳索遇有柱体、窗沿、墙壁等棱角时,需用岩角保护器、护绳套、水带皮、衣物或毛巾等物垫于下方,避免绳索磨损。

⑤ 在绳索系统操作过程中,要严格遵守"突然死亡原则",确保"人"与"系统"分离,充分考虑作业人员的安全保护和防坠落

绳索救援技术

措施。

⑥落地时被困人员需呈 W 姿势,人员撤离系统后缓慢将被困人员放平。

二、固定点救援

1. 训练目的

通过训练,使参训人员在执行任务中遇到问题时,能够有解决的办法快速救援(条件:被困人员处于固定点悬挂状态)。情景:被困人员在 I,J 两固定点且短连接一端在 I 点,救援人员从 A 点攀爬至 G,H 两点且短连接一端在 H 点。

2. 场地器材

个人防护装备一套,一个无柄手升,3 米辅绳(3∶1 提拉使用),绳索一组(根据高度来选择长度),锁扣若干,绳包两个,脚踏绳两根,被困固定点上方设失去自主行动能力的人员一名。

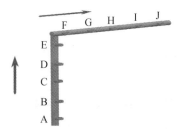

图 5-3-4　固定点救援场地示意

3. 操作步骤

(1) 固定点下降救援

①救援人员两条牛尾绳分别挂于 A,B 两点;短连接一端挂于胸环,一端挂于 B 点。

②将 B 点牛尾绳挂于 C 点,A 点牛尾绳挂于 B 点,B 点短连

接挂于 C 点，依次向上攀登至一个牛尾绳和短连接挂于 H 点，一个牛尾挂于 G 点。

③ 利用 H，I 点和两个绳包制作"Y"型锚点（大"Y"还是小"Y"根据现场情况选择）。

④ 将救援人员止坠器装入副绳，下降器装入主绳，先卸下短连接使下降器受力，再卸下两条牛尾绳。

⑤ 将短连接一端挂于被困人员胸环，另一端挂于救援人员下降器挂环，牛尾绳挂于被困人员腰环。

⑥ 利用 I 点挂环和被困人员胸环制作 3∶1 系统，卸下被困人员短连接、两条牛尾绳，缓慢放松系统，使被困人员受力于短连接。

⑦ 制作摩擦点，下降至地面。

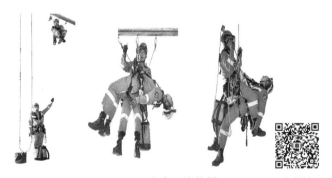

图 5－3－5　固定点下降救援　　● 视频演示

（2）固定点下放救援

① 救援人员两条牛尾绳分别挂于 A，B 两点，短连接一端挂于救援人员胸环，一端挂于 B 点。

② 将 B 点牛尾绳挂于 C 点，A 点牛尾绳挂于 B 点，B 点短连接挂于 C 点，依次向上攀登至一个牛尾绳和短连接挂于 H 点，一个牛尾绳挂于 G 点。

③ 利用绳包制作两个固定锚点，一条挂于被困人员腰环做主

绳,一条挂于被困人员胸环做副绳。

④ 将下降器挂环挂于 H 点,止坠器挂环挂于 I 点。

⑤ 将主绳卡入下降器上,使被困人员受力;将止坠器卡入副绳。

⑥ 利用 H 点挂环和被困人员胸部挂环制作 1∶1 系统,卸下被困人员短连接和两条牛尾绳,使下降器受力。

⑦ 救援人员控制下降器开关,将被困人员逐渐下放至地面。

⑧ 救援人员制作绳索回收系统下降至地面。

图 5-3-6 固定点下放救援　　　● 视频演示

4. 操作要求

① 训练时着抢险救援服,佩戴好个人防护装备,并且做到自我检查装备测试、交叉检查测试。

② 主绳和辅绳不得缠绕,防止绳索受力摩擦切割。

③ 下放时要注意下放位置的风险评估和作业前的安全检查。包括锚点是否安全牢固,安全带的各个方面是否妥当,锁扣状况是否良好,绳索状况是否异样,班组装备是否性能正常。

④ 搭配使用滑轮、上升、下降器及咬绳器时,要选择适当绳径的绳索,提高救援效率,确保作业安全。

5. 注意事项

① 操作时应按操作程序,逐步完成,固定点行进时很容易造成单点,建议进行数点操作。

② 下降器锁门应向内朝下,携带下降时必须增加一个制动摩擦点。

③ 装备严禁掉落地面、摔打、挤压变形、踩踏。

④ 人员应始终保持两点可靠连接,牛尾绳连接到被困人员腹环,短连接接到被困人员胸环。

⑤ 下降器手柄未关闭时,一定要有制动措施。

⑥ 下放过程中要注意主绳和副绳的后方绳索是否顺畅,防止打结造成系统堵塞。

⑦ 落地时被困人员需呈 W 姿势,人员撤离系统后缓慢将被困人员放平。

三、切入式救援

(一) 训练目的

通过软切救援训练,提高单人救援技术应用,提高单人操作水平和技巧使用,现场假设是一名被困人员悬挂于底部,上升状态时出现问题,救助人员利用软切救援方式将被困人员提升至指定位置。

1. 软切救援(增加绳索)

(1) 训练场地器材

需要准备一根备用绳索,无柄手升或机械抓结,滑轮锁或滑轮,系统控制器(MAESTRO,CLUTCH,MPD,RD2 等),锁扣若干。

(2) 操作步骤

① 安装止坠器到被困人员止坠器的上方锚点端,倒装止坠器

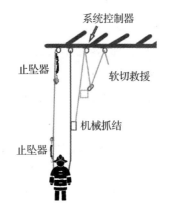

系统控制器

止坠器

软切救援

机械抓结

止坠器

图 5-3-7　软切救援(增加绳索)示意　　● 视频演示

并且止锁,做好出绳导向。

② 另一条备用绳索使用机械抓结,垂直于被困人员胸式上升器上方绳索下放,安装系统控制器替代主绳。

③ 利用 3∶1 倍力系统做提拉系统,注意止坠器要跟着收绳。

④ 被困人员提至一定高度后连接牛尾绳,短连接接到锚点,形成两个点(连接不到时可以使用副绳细绳制作 3∶1 提升)。

⑤ 拆除锚点多余绳索,这时可以制作下降系统(可回收)带被困人员下降。

2. 软切救援(器材救助)

(1) 训练场地器材

需要准备一根备用绳索,无柄手升或机械抓结,滑轮锁或滑轮,LOV3 或 LOV2,系统控制器(大师、RD2 等),锁扣若干。

(2) 操作步骤

① 救援人员上升至顶部,连接四个钢丝绳,利用牛尾绳和短连接,将自身重

● 视频演示

图 5-3-8　软切救援(器材救助)示意

量转移至钢丝绳。

② 在被困人员主绳连接 LOV3(使用短连接来连接),通过倍力系统将被困人员拉起,使主绳锚点受力转移至 LOV3。

③ 给被困人员连接短连接和牛尾绳(连接到上方钢丝锚点),将被困人员止坠器解除,通过倍力系统提拉,解除被困人员胸升,使牛尾绳受力(短连接受力)。

④ 被困人员提至一定高度后连接牛尾绳,短连接接到锚点,形成两个点(连接不到时可以使用副绳细绳制作3∶1提升)。

⑤ 拆除锚点多余绳索,这时可以制作下降系统(可回收)带被困人员下降,也可以设置下放系统,被困人员转移下放。

3. 硬切救援(器材救助)

(1) 训练场地器材

需要准备一根备用绳索,无柄手升或机械抓结,滑轮锁或滑轮,LOV3 或 LOV2,系统控制器(MAESTRO,CLUTCH,MPD,RD2 等),锁扣若干。

(2) 操作步骤

① 建立锚点,架设好下降器(大师、RD2)成预备状态,装好止坠器。

② 通过无柄手升、脚踩绳将被困人员拉起(1∶1 或 3∶1 提拉系统都可以),不受力绳索部分装下降器(系统控制器)。

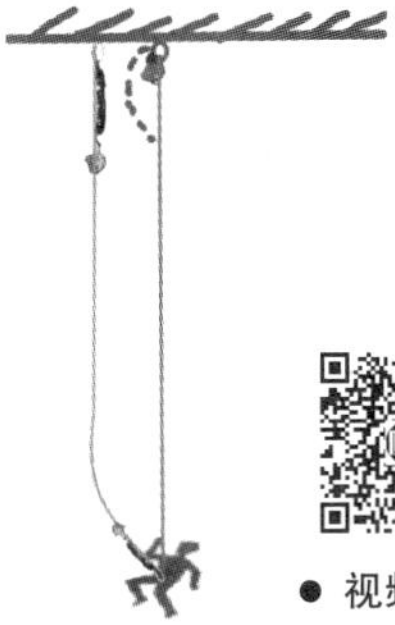

③ 解除绳结用倍力系统将被困人员提拉至指定位置。

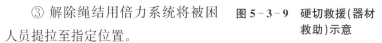

● 视频演示

图 5 - 3 - 9　硬切救援(器材救助)示意

④ 被困人员提至一定高度后连接牛尾绳,短连接接到锚点,形成两个点(连接不到时可以使用副绳细绳制作3∶1提升)。

⑤ 拆除锚点多余绳索,这时可以制作下降系统(可回收)带被

困人员下降,也可以设置下放系统,将被困人员转移下放。

(二) 操作要求

① 所有救援人员都需熟练掌握绳索技术及相关器材装备,清楚每个人的分工和职责,明确联络信号,时刻保持团队默契。

② 救援过程中,必须确保任何时候都穿着防护装备,落实安全防护"三查"要求(自查、互查、安全员检查),注意自我保护和相互保护。

③ 选择稳固的锚点,或选择多固定点均力方式架设,架设时注意固定点的受力方向及受力角度。

④ 所有主锁在操作的过程中必须保持锁扣朝下并上锁的状态。

(三) 注意事项

① 人员始终保持两点可靠连接,牛尾绳连接到被困人员腹环,短连接接到被困人员胸环。

② 绳索架设要采取双绳系统,不同系统使用不同颜色绳索,以便直观识别;同步制作后备系统,以便在紧急情况下可以随时上拉(下放)伤员或救援人员。

③ 严禁造成冲坠,出现安全隐患。在绳索系统操作过程中,要严格遵守"突然死亡"原则,确保"人"与"系统"分离,充分考虑救援人员的安全保护和防坠落措施。

④ 落地时被困人员需呈 W 姿势,人员撤离系统后缓慢将被困人员放平。

⑤ 危险情况下的紧急撤离。发生危险时,若确实无法回收器材则要果断放弃,必须最大限度保障人员安全,进行紧急撤离。

四、爬梯救援(下放)

(一) 训练目的

通过训练,使救援人员熟练掌握双挽锁保护的方法,掌握攀登爬梯上升、下降的救援方法。情景设定：先锋攀登时，突发情况困于竖梯或结构上时，救援人员用带人下降和提拉下放进行救援。

（二）场地器材

在训练塔搭建直梯，配备双绳救援个人防护装备一套，绳索一组（两个绳包，由现场来判断使用），锚点钢丝、锚点扁带设置锚点装备，防坠落双挽锁一套（大钩）。

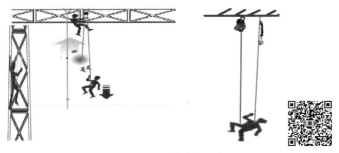

图 5－3－10　爬梯救援示意 　　● 视频演示

（三）操作程序

① 救援人员用双钩攀爬至被困人员上方。

② 用钢缆在爬梯上做提拉下放系统，做基础锚点连接被困人员，出绳端连接系统控制器和止坠器并做导向。

③ 拆下被困人员与爬梯的连接。

④ 在被困人员腰部连接一个牵引绳下放至地面，地面救援人员牵引被困人员离开爬梯。配合下放系统将被困人员下放至安全位置。

（四）操作要求

① 训练时着抢险救援服，佩戴好个人防护装备，并且做好自我检查装备测试、交叉检查测试。

② 绳索遇到柱体、窗沿、墙壁等棱角时，需用岩角保护器、护

绳套、水带皮、衣物或毛巾等物垫于下方,避免绳索磨损。

③ 搭配使用滑轮、上升器、下降器及咬绳器时,要选择适当绳径的绳索,提高救援效率,确保作业安全。

④ 止坠器不得承受负载,主绳和辅绳不得缠绕,爬梯时始终要有一个保护点。

⑤ 进行安全复检。系统架设完毕后,必须实施最后的安全总检查,包括固定点检查、系统检查、救援人员着装检查三个方面。

(五) 注意事项

① 操作时应按操作程序,逐步完成,确保无安全隐患。

② 下降器锁门应向内朝下,携带下降时必须增加一个制动摩擦点。

③ 装备严禁掉落地面,严禁造成冲坠,出现安全隐患。

④ 人员始终保持两点可靠连接,牛尾绳连接到被困人员腹环,短连接到被困人员胸环。

⑤ 下降器手柄未关闭时,一定要有制动措施。

⑥ 落地时被困人员需呈 W 姿势,人员撤离系统后缓慢将被困人员放平。

五、救援三脚架

(一) 训练目的

通过训练,使救援人员熟练掌握在平地和山地地形通过三脚架救援的方法。情景设定:一名被困人员突发情况,被困于悬崖边缘,救援人员利用三脚架下降和提拉被困人员进行救援。

(二) 场地器材

模拟断崖,利用救援三脚架进行救援。三脚架分为:固定式三脚架和山岳三脚架。一个救援作业小组(队长、先锋手、担架手、系

统手两名、安全员)各穿戴双绳救援个人防护装备一套,配备担架
救援系统一套、救援三脚架、滑轮、绳索、主锁、锚点装备等。

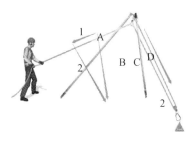

图 5‑3‑11 救援三脚架

● 视频演示

(三)操作程序

① 到达操作区域进行现场评估,划分区域,收集
信息,清理及确认现场操作面。

② 根据现场的情况,合理利用配备的装备制定两套以上营救
计划。

③ 救援人员进行救援前,对个人防护装备及团队装备进行检
查,并且严格落实检查三要素(自查、互查、安全员检查)。

④ 开展救援时,先锋手和系统一号操作手在断崖边缘搭建救
援三脚架(做好安全限位后再开展搭建救援任务),安装连接工
作绳。

⑤ 系统二号操作手搭建锚点系统与担架手进行连接,形成下
降救援趋势。

⑥ 安全员在救援过程中全程进行现场安全把控和保障系统
检查工作。

(四)操作要求

① 队长应全程遵循"3A"原则、"3S"理念、三要素和"突然死
亡"原则,并且做好不可控因素的把控。

② 下放时要注意下放位置的风险评估和作业前的安全检查。包括锚点是否安全牢固,安全带的各个方面是否妥当,锁扣状况是否良好,绳索状况是否异样,班组装备是否性能正常。

③ 搭配使用滑轮、上升器、下降器及咬绳器时,要选择适当绳径的绳索,提高救援效率,确保作业安全。

(五) 注意事项

① 作业前安全评估。综合研判现场地形、气候、风速、视线等环境因素。

② 下降器锁门应向内朝下,携带下降时必须增加一个制动摩擦点。

③ 下降时保证人员连接点的牢固性(此时注意锁门的方向,因为在运动过程中,可能会将锁门挤开)。

④ 在绳索系统操作过程中,要严格遵守"突然死亡"原则,确保"人"与"系统"分离,充分考虑救援人员的安全保护和防坠落措施。

⑤ 落地时被困人员需呈 W 姿势,人员撤离系统后缓慢将被困人员放平。

第四节 协同班组技术

一、救援队人员分工及职责

在整个救援体系中只有强大的默契度和良好的配合才能够提高整个救援团队的救援能力,团队的建立需要从人员身体素质、协调性、突发性处理能力来评判并进行团队位置的分工,依靠每个人的优缺点来补齐短板发挥长处,高效率完成救援任务。

(一) 队长

1. 主要工作

① 在后段位置评估环境风险并负责制定计划并保证计划的实施,做好突发情况的及时修正处理。

② 在救援过程中要充分了解现场情况,及时通报,并且做好处理预案及第二套救援方案。

③ 了解救援队伍的救援能力、装备配备和任务完成的成功率。

④ 指挥整个救援系统,包括上升、下降、停止等一切口令,如果缺乏人手可以同时兼职安全员。

2. 人员职责

队长是整个队伍的核心导向,需要掌控每个队员的个人技术和团队配合默契度,便于部署每个队员所在的位置。需要草图绘制技术,能快速预设方案,具备方案的开展说明和明确任务分工的能力,同时要有灵活的头脑,具备身高优势,具有机动性,随时能够补充短板,掌握规避风险的方法。

(二) 系统手(主/副)

1. 主要工作

① 在后段位置负责锚点和倍力系统制作、释放和提拉操作,同步制作后备系统,监督整个救援系统的打击工作安排和操作规范,要绝对保证整个保护者站的安全。

② 操控主线器材,以保证先锋员升高或者下降到被困人员的过程中绳索平稳滑动。

③ 要利用环境来选择绝对锚点,保证有足够的操作空间发挥出高的救援效能,并且排除隐患保证现场环境的安全。

④ 面对不同的救援现场，熟悉装备性能并能正确使用。

2. 人员职责

系统手是整个保护站的动力源，以团队需求及自身身体条件来保证系统高效完成，能有足够的体能进行担架作业的补充，完成担架水平下放和水平翻越及其他辅助作业指导。

（三）先锋手

1. 主要工作

① 在前段位置确认前段安全情况，第一时间接触被困人员并且进行现场安全评估，及时做好医疗救助。

② 个人技术要过硬，有独立操作能力，能够独立进行锚点制作、担架组装和团队系统的完成。

③ 团队前进时的开路先锋手，遇到问题及时反馈给队长并且给予建议及方案，在团队救援任务中配合担架手完成担架转移。

2. 人员职责

先锋手是整个团队的开路先锋员，需要有很好的动手能力和强大的团队意识，能够自主处理突发问题，是团队的奉献者。

（四）担架手

1. 主要工作

① 负责系统的制作、系统的连接，需要熟悉所有系统的制作、效益及可能出现的问题。

② 充分熟悉担架的组装、优点、缺点及在复杂小空间如何去调整操作。

③ 要熟悉整个救援体系的运转、通讯方式及绳索区分，默契配合团队完成任务。

④ 面对不同的救援现场，熟悉装备性能并且正确使用。

2. 人员职责

担架手是整个救援队伍的操作核心,被困人员在转移中需要他们全程进行呵护,担架手要有医疗救援能力,并且需要有超强的应变能力来完成担架运转过程中垂直、水平 45°行进转换,以团队需求及自身身体条件保证系统高效完成,有足够体能进行担架作业,并完成担架水平下放、水平翻越及其他辅助作业。

(五) 安全员(赛时是评核员,战时是安全员)

1. 主要分工

① 救援任务开始前在中段位置协助队长评估风险,检查队员的个人防护装备,保证其处于最佳状态。

② 评估现场环境的安全因素,进行从准备展开到结束每个环节风险点控制。

③ 观察团队作战人员的状态,及时向队长汇报、建议调整,确保现场人员状态高度集中。

④ 安全员须掌握现场急救的基本处置程序,有随时处理突发事故的能力。

2. 人员职责

安全员是整个救援队伍的安全总负责人,需要有较强的责任心和敏捷的观察力、应变能力,保证整个作战环境的安全,确保救援过程中出现突发情况有预案,能够及时处理。

二、救援五步骤

采取救援行动时,一般会分为五个步骤:分析、接近、提拉、撤离、战评。

(一) 分析

① 与被困人员沟通,判断其是否有意识。

② 是否需要帮助。

③ 急救要求——急救箱或急救技能。

④ 环境危害——发生意外的起因。

⑤ 接近被困人员的方法。

⑥ 制定救援计划。

⑦ 需要哪些救援装备。

⑧ 了解救援计划的局限性。

⑨ 判断救援人员的救援技术。

（二）接近

① 预先计划。

② 工作定位技术。

③ 寻找一个牢固的锚点与被困人员相连。

④ 提供急救援助。

（三）提拉

① 选取合适的锚点。

② 使用合适的身体结连接救援人员与被困人员。

③ 使用合适的提拉系统。

（四）撤离

① 下放系统。

② 提拉系统。

③ 水平系统。

④ 确认执行确切医疗的转移点。

（五）战评

① 施救前的分析是否正确。

② 是否能轻易地接近被困人员。

图 5-4-1　　　　　　　　　　图 5-4-2

③ 是否正确合理地使用了设备。

④ 救援计划是否有效。

⑤ 救援训练是否到位。

三、T型救援系统

T 型系统在绳索救援系统里面属于较为复杂的系统,技术要求也比较苛刻,其中融合了绳索技术的安全措施、绳索救援技术辅助训练、绳索技术等几个章节的内容。

T 型救援系统分为英式、传统、日式系统等,需根据现场环境、距离情况、携带装备情况选择合适的救援系统。例如急流水域,遇险人员被困于孤岛,岸边为峡谷地形,且与水面有较大落差,同时救援人员难以接近水面,可利用 T 形传统或日式系统救援技术实施救援。

在这个系统开展的前期,需要对装备的性能进行检查,并且保证所携带的装备能够完成这个救援任务。例如救援系统中,牵引绳必须为绳桥距离的两倍,提拉释放绳长必须为绳桥距离与提拉释放距离之和的两倍,并且需保证有余长,够应急操作时使用。下面介绍两种 T 型救援系统。

（一）T型救援系统一

1. 搭建系统

在两岸间经被困人员所处孤岛上方搭建绳桥，绳桥上设置主滑轮，并且依次连接牵引绳、定滑轮、短连接（作为滑轮的备份）、可调牛尾绳（设置人员定位），提拉绳穿过定滑轮和动滑轮，在系统连接带和牵引绳之间与主滑轮连接，在提拉绳上使用系统控制器制动系统，牵引绳和提拉绳分处于对岸和本岸。

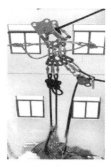

图 5-4-3　T型救援系统一　　　● 视频演示

2. 系统接近

① 担架手携带救生衣和三角安全带连接系统连接带和动滑轮-绳索系统，队长指挥绳索系统员通过牵引绳将担架手沿绳桥方向移动至孤岛上方。

② 对岸系统员固定牵引绳，本岸绳索系统员收紧提拉绳提升担架手。

③ 担架手打开与系统连接的可调牛尾绳，担架手在本岸绳索的系统员释放提拉绳的同时，控制系统控制器下降至被困人员所处孤岛。

3. 人员救助

① 担架手到达被困人员所处孤岛后,本岸绳索系统员在提拉绳上设置倍力系统。

② 担架手协助被困人员穿戴好救生衣,并与三角安全带连接,利用短连接将被困人员三角安全带连接部件与动滑轮安全钩连接。

③ 本岸绳索系统员利用倍力系统操作提拉绳将担架手与被困人员提升至主滑轮处,担架手将自身和被困人员利用可调牛尾绳连接限位。

④ 本岸绳索系统员释放提拉绳至牵引绳不受力后,对岸绳索系统员打开牵引绳固定连接。

⑤ 本岸绳索系统员直接通过提拉绳将担架手与被困人员牵引至本岸。

(二) T 型救援系统二

1. 搭建系统

在两岸间经被困人员所处孤岛上方搭建绳桥,绳桥上设置主滑轮,并且依次连接牵引绳、定滑轮、短连接(作为滑轮的备份)、可调牛尾绳(设置人员定位)、大力马扁带、万向滑轮单/双、垫布若干、系统控制器、附加扭力锁、梨形大容量锁扣、O 型锁扣、分力板、扁带、绳索保护器(直角保护器、滚珠轴心保护器)、保护板(聚四氟乙烯)、机械抓结、备用机械抓结、滑轮锁。

提拉绳穿过定滑轮和动滑轮,在系统连接带和左右牵引绳之间与主滑轮连接,提拉绳利用双滑轮行进时做好备份,牵引绳和提拉绳都处于对岸和本岸。

2. 系统接近

到达指定位置后评估并汇报现场情况,选择合适位置,使用五根钢制锚点制作锚点,等对面绳头抛过来后连接锚点(两根主绳锚点在上方、三根牵引绳锚点在下方),牵引绳锚点上装系统控制器,等待对面的五根绳子抛过来后连接(两根主绳连在上方做绳桥,三根牵引绳连接系统控制器等待命令收紧)。

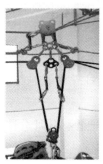

图 5-4-4 T 型救援系统二

● 视频演示

① 担架手携带救生衣和三角安全带连接系统连接带和动滑轮-绳索系统,队长指挥绳索系统员通过牵引绳将担架手沿绳桥方向移动至孤岛上方。

② 对岸系统员固定牵引绳,本岸绳索系统员收紧提拉绳提升担架手。

③ 担架手打开与系统连接的可调牛尾绳连接处,担架手在本岸绳索系统员释放提拉绳的同时,控制系统控制器下降至被困人员所处孤岛。

3. 人员救助

① 担架手到达被困人员所处孤岛后,两岸绳索系统员在提拉绳上设置倍力系统(设置时需要注意"突然死亡原则")。

② 担架手协助被困人员穿戴好救生衣,并与三角安全带连接,利用短连接连接被困人员三角安全带连接部件与动滑轮安全钩。

③ 本岸绳索系统员利用倍力系统操作提拉绳,将担架手与被困人员提升至主滑轮处,担架手将自身和被困人员利用可调牛尾绳连接限位。

④ 本岸绳索系统员释放提拉绳至牵引绳不受力后,对岸绳索系统员打开牵引绳固定连接。

⑤ 本岸绳索系统员直接通过提拉绳将担架手与被困人员牵引至指定地点。

4. 支撑系统

① 使用下降器在两端安装两条可拆卸的支撑绳索(红色)。

② 将双滑轮连接到支撑绳索。

③ 将分力板(多孔板)连接到滑轮。

5. 升降系统

① 将两个双滑轮连接到分力板下方。

② 使用下降器将两条用于升降的绳索固定到两个独立的固定位置。

③ 将这些绳索穿过双滑轮,将双滑轮固定在想要提升的负载上方,并将负载连接到提升或降低绳索。

四、交叉救援系统

交叉救援系统是一个使用频率高且效率高的短距离救援系统。交叉救援系统能够快速开展救援,保证生命的持续性,并且能够完成二维、三维空间的担架转移。特别是在有限空间开展提拉转移救援任务时可以使用。例如在急流水域,遇险人员被困于孤岛,岸边为峡谷地形且与水面有一定的落差,同时,救援人员难以接近水面,可利用交叉绳索系统救援技术实施救援。

1. 搭建系统

在两岸间经被困人员所处孤岛上方搭建交叉系统,系统手在本岸选择高位锚点使用释放系统连接担架或担架手,先锋手利用抛投装备(无人机、抛投器、抛投弹弓等)将牵引绳运送至对岸并且将提拉绳牵引至本岸。对岸系统手利用高位锚点设置提拉绳,提拉下放绳索必须从被困人员上方经过。

图 5-4-5 搭建交叉救援系统

● 视频演示

2. 接近孤岛

担架手携带装备或救援担架连接本岸的释放系统,对岸的提拉系统(此时分力板上设置的安全点必须注意角度问题,如使用偏8字结来区分时,两岸的副绳都需要做好保护系统)到达大角度时安全点要注意是否失效。

3. 人员救助

队长指挥绳索系统员利用释放与提拉系统使担架手接近被困人员,担架手进行评估及医疗支持,对被困人员进行救助。然后利用提拉绳的倍力系统,将担架手与被困人员拉回本岸。

4. 注意事项

① 整个系统使用滑轮的位置需要设置备份保护点(使用双滑

图 5－4－6　交叉救援系统人员救助

轮时,锚点的设置会导致主绳与副绳受力情况不一样),前期要做好装备器材检查。

② 根据现场及装备配备情况选择受力角度,达到一定角度要及时调整安全连接点的数量,如超过 15°时,需要设置 4 个安全点连接。

③ 受力夹角不能超过 120°,应保持在 90°以内,即夹角效益。

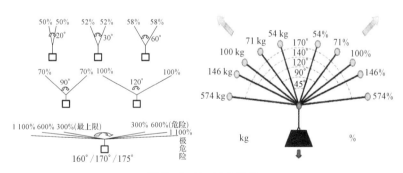

图 5－4－7　受力夹角

五、绳桥救援系统

绳桥系统架设是 T 型救援系统、V 型救援系统等架设的基础,只是受力夹角大小不同。绳桥架设的主要目的就是将被困人员转移至安全地点。

（一）水平绳桥搭建

水平绳桥主要用于被困人员的转移救助通道的搭建,搭建使用装备少,简单明了,使用效率高。

1. 搭建系统

先锋员在本岸利用抛投装备(无人机、抛投器、抛投弹弓等)将细牵引绳运送至对岸,本岸系统手制作锚点系统和绳桥牵引保护系统。对岸利用细牵引绳牵引主绳(双绳)与保护绳(一根)的绳头至本岸进行固定,对岸安装使用系统控制器收紧主绳形成绳桥。横渡绳必须架设两条,一般在收紧端用 3∶1 系统人力进行收紧,严禁使用机械进行收紧。不论选择何种横渡系统,在作业区域都应当有一定净空高度。

2. 注意事项

① 由于绳桥是受力张紧绳索,通常需要选择强度较大的绳索作为绳桥工作绳,并且通常不能设置结点。

② 收紧端的锚点应采用系统控制器作为受力锚点,严禁使用钉齿类抓绳器材作为锚点(如手柄上升器、胸式上升器、单向滑轮等)。钉齿类器材在受力达到 4 kN 时会将绳皮割破,由于绳桥处于紧绷状态,两端锚点负荷会达到所负重量的 3～4 倍,所以绳桥收紧端锚点应采用凸轮制动类器材,严禁采用钉齿制动类器材。

图 5 - 4 - 8 水平绳桥搭建

● 视频演示

2. 人员救助

先锋手在本岸利用滑轮、分力板、短连接、锁扣、救援担架制作横渡系统,利用本岸与对岸的牵引系统完成横渡运输任务。

3. 注意事项

① 整个水平绳桥横渡系统承重后最大的受力角度要小于160°。

② 绳桥系统搭建时要检查装备器材,不可以使用高延展的绳索来设置绳桥。

（二）斜绳桥搭建

斜绳桥搭建的方法与 T 型救援系统搭建方法相似,属于高位锚点与低位锚点之间的转移。

1. 搭建系统

先锋员在本岸利用抛投装备(无人机、抛投器、抛投弹弓等)将细牵引绳运送至对岸,本岸系统手制作锚点系统和绳桥牵引保护系统。

对岸利用细牵引绳牵引主绳(双绳)与保护绳(一根)的绳头至本岸进行固定,对岸安装使用系统控制器收紧主绳形成绳桥。斜

图 5 - 4 - 9 斜绳桥搭建

● 视频演示

绳桥与水平绳桥的区别在于有角度情况下需要增加一组绳索来进行释放与保护,并且在作业区域都应当有一定净空高度。

2. 人员救助

先锋手在本岸利用滑轮、分力板、短连接、锁扣、救援担架制作斜绳桥下放系统,系统手利用释放系统向对岸进行释放或提拉来进行救助。

3. 注意事项

① 要保证有一定的净空高度,收紧绳桥时应在低锚点端收紧。

② 在释放或提拉过程中要保证整个系统的顺畅性,减少摆荡,注意摩擦点。

六、协同班组原则

(一) 3A 原则

ASSESS(评估),ADJUST(调整),ACTION(行动)。

(二) 系统搭建注意事项

单人操作时,可架设的省力系统滑轮拖拉比不应超过 3∶1。当重物于此紧绷绳索上,绳索夹角不应大于 160°。这是为了确保两端锚点不致因为绳索角度过大所产生的相互拉扯力破坏(两端固定点夹角在 160°时所产生的拉力是 300%、170°为 600%、175°为 1100%)。因此可以将重物挂上未紧绷绳索之后再行拉扯,此时省力滑轮比可以超过 3∶1,只要最终角度不超过 160°即可[①]

[①] 参考 2007 年美国优胜美地搜索救难队的救难架设课程,执行方式为:先利用 6∶1 系统以一个人的力量将紧绷绳索稍微拉紧,挂上重物后(被困人员和救援人员)再利用两个人的力量将其拉紧(此时 5 个人拉 12∶1 是相同道理),停止拉扯后判断重物与绳索之间角度不得大于 160°。

七、警告

任何在一定高度环境进行的活动,均属于危险活动。以上操作说明只能供参加绳索技术课程正规训练的人士参考使用,不能作为专业训练课程前的自我训练。

如未经专业指导进行上述技术操作,将可能导致严重的伤害甚至是死亡。

第五节　担架救援技术

担架救援技术是绳索技术中的一部分,也是非常重要的一部分。在整个救援任务中,救援的目的就是保证被困人员生命迹象稳定,快速安全地送达医院。

一、担架组装及人员固定

在接触被困人员后,现场评估必须使用担架时,需要对救援担架进行组装及整理检查,确保担架连接点的牢固性和安全性。

● 视频演示

图 5 - 5 - 1　担架组装

(一)担架使用装备

救援担架由阿兹特克(两套)、锁扣(十五个)、三角梅陇锁(两个)、万向结(两个)、被救助者固定带(五条)、脚部调节固定带(两条)、分力板(一个)、水平提拉绳(凯夫拉材料绳两根)、垂直提拉绳(凯夫拉材料绳一根)、舒适填充物(睡袋、衣服、帐篷等柔软物体)等装备组成。

救援担架组建必须能够达到垂直、水平90°的角度调整需求,调整角度时被困人员在担架内部无移动且有足够的舒适性,不会造成二次伤害,时刻保证不能少于两个安全点。根据担架使用场景不同,需要的装备可以临时调整。

图 5‑5‑2　担架使用装备　　　　● 视频演示

(二)被困人员固定的方法

1. 担架搬运的原则

救助过程中,在保证安全的前提下应该遵循以下原则:迅速、及时、正确。担架在运行过程中搬运不当,轻者会造成延误,伤员不能够及时获得进一步检查救治;重者会导致伤情恶化,甚至会造成人员伤亡,以致于发生不可挽回的后果。在担架运行过程中要保证动作轻巧,尽量减少不必要的震动,以防造成二次伤害。

图 5‑5‑3 被困人员固定

● 视频演示

2. 前期对被救助者的处理

① 搬运伤员之前要检查伤员的生命体征和受伤部位,重点检查伤员的头部、脊柱、胸部有无外伤,特别是颈椎是否受到损伤。

② 必须妥善处理好伤员。首先要保持伤员的呼吸道通畅;然后对伤员的受伤部位要按照技术操作规范进行止血、包扎、固定;处理得当后,才能搬动。

③ 在人员、担架等未准备妥当时,切忌搬运。搬运体重过重和神志不清的被困人员时,要考虑全面。防止搬运途中发生坠落、摔伤等意外。

④ 搬运转移过程中重点观察被困人员的呼吸、神志等,注意保暖,但不要将头部面部包盖太严,以免影响呼吸。一旦在途中发生紧急情况,如窒息、呼吸停止、抽搐时,应停止搬运,立即进行急救处理。

⑤ 在特殊的现场,应按特殊的方法进行搬运。在火灾现场浓烟中搬运受困人员,应弯腰或匍匐前进;在有毒气泄漏的现场,搬运者应先用湿毛巾掩住口鼻或使用防毒面具,以免被毒气熏倒。

3. 担架一般固定方法

担架固定被困人员时需要将被困人员受伤部分做充分处理,标注时间和下次检查时间,提醒担架陪同人员时刻观察状态。担

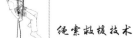

架固定时要能够保证人员的稳固性、安全性、合理性,担架在调整角度时要保证被困者的舒适度,防止过度收紧导致血液不流通。

图 5-5-4　担架一般固定方法

4. 利用扁带固定方法

● 视频演示

① 扁带从胸口上方开始并从腋窝下穿过背部,并且与担架连起来,整体包住肩部,下穿胸部。

② 扁带应当延伸到骨盆突出部分穿过背板,然后直接越过骨盆。对角的扁带穿过后带到另一侧的肩膀上,然后线从手臂下通过,穿过胸口的扣子。

③ 扁带从骨盆下到腿中下部分,按照"X 框"的样式延伸。"X"的中央越过膝盖。

④ 当没有头部固定器时,可以采用夹板折成三份,弯曲并且裹好,临时制作一个头部固定器。

图 5-5-5　扁带固定方法

● 视频演示

二、水平担架提拉下放

水平翻越担架是担架系统里面操作要求最高而且技术难点最多的一个系统,需要整个团队的配合磨合才能快速、安全、高效地完成岩角翻越。在水平担架翻越系统里有高岩角高翻越和下放、低岩角高翻越和下放两种情况,而且在整个操作过程中需要注意充坠系数及绳索管理。

(一)水平高岩角高翻越和下放

在进行救助任务过程中,高岩角翻越下放是最常见的情况,也是相对较难的一项担架翻越下放技术。当担架提拉上升到岩角时,需要担架手脱离担架,在担架的一侧协同担架连接和翻越。

两位锚点手利用自身携带的提拉绳下放给担架手进行担架水平提拉调整,控制担架不与岩角摩擦和碰撞。指挥官利用主锚点来进行调节,保证随时都处于安全状态。担架手完成连接后先翻越平台再做好转换,进行限位做好保护,担架头部与脚部分别为两个锚点手,担架手在中间和攻击手一起四人合力将担架水平提起,指挥官负责主副绳收紧。

下放操作同提拉翻越方向相反,需要保持绳索下放的速度及摩擦点的处理。

● 视频演示

图 5‑5‑6　高岩角高翻越和下放

主要绳索救援技术：

① 保持担架的平稳进出翻越和担架的整体受力状况，严禁担架进出时造成担架倾覆，完成被困人员提拉前的固定检测。

② 在提拉担架时提拉绳必须固定，不能有滑动，否则担架受力会滑动导致冲坠。

③ 所有提拉担架人员要做好保护限位，确保人员安全。

④ 提拉上升过程中需要一直收紧主副绳，随时保证冲坠系数为 0。

（二）水平低岩角高翻越和下放

在这个担架操作系统中，低岩角高翻越是最困难的一部分，既要保证冲坠系数，又要保证担架的平稳程度，保障担架能够水平提升、水平下放，而且冲坠系数也能够在规定范围值。

图 5-5-7　低岩角高翻越和下放　　　● 视频演示

在前期安装过程中需要利用 Y 型锚点与担架背部连接，并且做好主副绳受力转换，防止冲坠系数过大造成隐患。在低岩角高翻越过程中需要指挥员先释放主绳，再将另外调换的临时受力绳索收紧，保持始终有绳索分别保持受力和放松状态，从而进行调换，将冲坠系数控制到最小。

三、垂直担架提拉下放

担架垂直翻越是所有担架翻越方式中的首选,也是翻越中效率高、操作安全性高的一种操作方式。需要整个团队的配合磨合才能快速、安全、高效地完成岩角翻越,垂直担架翻越系统里有高岩角高翻越和下放、低岩角高翻越和下放两种情况。在整个操作过程中需要注意冲坠系数及绳索管理。

下面简要介绍下垂直高岩角高翻越和下放。

在进行救助任务中,垂直翻越下放是遇到情况最多,也是相较于水平下放系统而言相对轻松的。当担架提拉上升到岩角时,需要担架手脱离担架,在垂直担架的两边中下部进行连接(此处需要制作 Y 型锚点与担架背部连接),进行协同担架连接和翻越。两位锚点手触碰担架准备好提拉上升。

指挥官利用主锚点进行调节,保证担架随时处于安全状态,担架手完成与担架脱离后到担架底部的一侧协助提拉,将担架翻越平台后,担架手翻越平台。

● 视频演示

图 5－5－8 垂直高岩角高翻越和下放

四、担架协同行进系统

(一) 训练目的

通过训练,使救援人员熟练掌握团队双绳救援技术中担架协同行进系统的方法,并能够应用到实战中。

图 5‑5‑9　担架协同行进系统

● 视频演示

(二) 场地设置(情景设置)

在训练塔和铁塔高空训练架模拟人员跌落,利用担架进行人员转移,熟练掌握担架的组装和系统的连接。

(三) 器材

双绳救援个人防护装备,10.5 毫米主绳与辅绳,绳尾 15 厘米处打上止结、绳包。

① 系统手(两名)装备:钢制锚点 1 米、1.5 米、2 米、3 米各三条(根据现场结构使用不同长度钢制锚点),大力马扁带,万向滑轮单/双,垫布若干,系统控制器附加扭力锁,梨形大容量锁扣,O 型锁扣,分力板,扁带,绳索保护器(直角保护器、滚珠轴心保护器),保护板(聚四氟乙烯),机械抓结,备用机械抓结,滑轮锁。

② 先锋手(一名)装备:钢制锚点 1 米、1.5 米、2 米、3 米各三条(根据现场结构使用不同长度钢制锚点),大力马扁带,万向滑轮单/双,垫布若干,系统控制器,O 型锁扣。

③ 担架手(一名)装备:疏散三角吊带,船型担架,担架成套系统,分力板,阿兹塔克,可调牛尾绳,圆环,过结滑轮,O 型锁扣,机械抓结,万向结,LOV3,双滑轮,短连接。

④ 队长(一名)装备:补充类装备,抛绳弹弓,牵引投掷包,锁扣若干。

⑤ 安全员(赛时是评核员,战时是安全员)(一名)装备:警戒带,警示牌。

图 5‑5‑10 担架协同行进人员装备

(四)基本操作步骤

担架人体设计分为头部和脚部,并且有宽窄面区分,组装担架时需要考虑器械的兼容性,合理使用。

(五)担架的组装

1. 担架只需要水平行进不需要转换任何一个连接点时,可以使用成形的扁带或可以调节的扁带来制作担架连接,其优势在于操作简单、整个担架系统清晰,不足之处是限制了操作空间,没有了大幅度调整的优势。

2. 大角度调节担架。有角度调节时需要装备以下器材:可调成型抓结,分力板,阿兹塔克,可调牛尾绳,圆环,万向结,三角梅隆锁(在整个担架系统安装时要注意担架是否能够左右调节、上下调节,并且受力点是否使用对角受力装备)。

五、担架转移行进技术

(一)低角度区域担架转移行进技术

1.在进行担架转移过程中会遇到各种场景,有的是平整路面(0°~15°),有的是小角度路面坡面(15°~40°),这些都属于非技术性的转移。

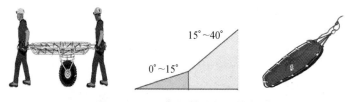

图 5 - 5 - 11　担架转移行进技术

2.技术特点

① 风险更小相对比较安全,转移时可以使用带车轮的担架。

② 使用一条绳索即可以确保安全,在小角度坡道时可以有效保护。

③ 救援人员可以不依赖系统。

④ 地面承受大部分的力量。

(二)高角度区域担架转移行进技术

1.在进行担架转移过程中会遇到各种场景,有的是危险的陡坡(40°~60°),有的是距离较高的悬崖(60°~90°),这些都属于技术性的转移。

2.技术特点

① 风险大、安全系数降低、危险性高。

② 需使用双绳来确保安全。

", "", "", ""]

false

false

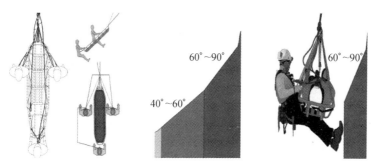

图 5‑5‑12　高角度区域担架转移行进技术

③ 救援人员高度依赖系统的安全性。

④ 绳索救援系统承受大部分的力量。

第六章 绳索救援队技术成长

第一节 实战救援案例

一、废弃矿坑救援

（一）集结准备

2018 年 1 月 1 日下午，南京市雨花台区西善花苑东 1 公里矿坑山内的塌陷区域有两名人员被困在半山腰，南京市消防指挥中心接到报警后迅速调派特勤一中队 2 车 16 人赶赴现场增援。

特勤一中队到场后，迅速与知情人取得联系。在交流后，初步明白现场为 3 名登山者共同登山，其中 2 人不幸被困于半山腰，且山上没有道路，只能徒步开展救援。了解现场基本情况后，指挥员立刻命令救援人员准备救助器材：救援三角架、照明灯、扁带、船型担架、绳索、全身吊带、半身吊带、滑轮、O 钩、医疗包等专项救援器材，并装入携行包箱中，做好负重携行准备。

（二）初步侦察

指挥员迅速带领人员现场勘查和咨询被困者朋友，初步确定了两名被困者被困于一个直径约 400 米的矿坑。其中一名被困于半山腰，脚踝受伤无法行走，其所困位置距离山顶约 70 米，距山底约 100 米;另一名被困人员在他上方 15 米处,救援人员所在位置为被困者的对面。矿坑十分陡峭,坡度近 70°,并且坑道上布满了随时滚落、大小不一的山石,难以行走,现场救援难度非常大,情况十分危急。此时已经是 17 点 20 分,气温较低,天色也逐渐变暗,若不快速救出被困者,被困者很可能因为害怕、疼痛、温度等不利因素的影响而发生意外。

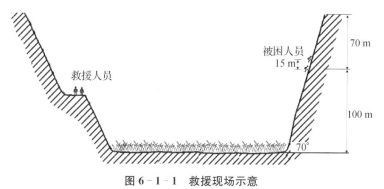

图 6-1-1　救援现场示意

(三) 救援遇阻

中队指挥员立刻命令队员将器材放置原地,同时每两人一组成立三支侦查小组,携带绳索、照明器材分别从 3 个方向向被困者靠近,寻找救援最佳位置。20 分钟后,南侧侦察组汇报他们的路线可到达距被困者 50 米处,中队所有人员携带器材装备迅速向其

图 6-1-2　现场图片

靠近,汇合后指挥员发现现场地质疏松,且没有可靠支点,无法建立大绳横渡系统将被困者救出,只得放弃返回侦查点。同时安排2名业务素质高、救援经验丰富的班长寻找路径到达被困者位置,对他们进行包扎和心理安抚。

(四) 确定方案

返回侦查点后,指挥员决定在此处设置器材区,成立8人攻坚组,携带轻便、必要的绳索救援器材直接沿矿坑向下靠近被困者,同时寻找安全区建立大绳横渡系统,其余部分救援人员留守调用器材。当下至与被困者高度齐平的山腰时,发现继续往下的坡度太陡,且此时天色已黑,继续向下会存在不可预知的安全隐患。指挥员决定让"绳索专家"罗忠臣同志独自携带器材到被困者位置建立大绳横渡系统,将被困者运到安全位置。

(五) 科学施救

雷圣海同志通过电台汇报他已成功到达受伤的被困者身边,就地取材利用树枝对伤者腿部进行了包扎固定,同时利用绳索将上方的被困者救至自己在半山腰建立的安全区域。此时,在距离下方被困者15米处,罗忠臣向指挥员汇报,由于坡度太陡,无法向上靠近被困者。指挥员立即命令雷圣海与罗忠臣利用绳索上升系统汇合,同时用最快速度做好大绳横渡系统。

图 6-1-3 实施救援

绳索系统建立完成后,对被困者进行简单的培训和心理安慰,救援人员利用高空救援培训学到的 IRATA 救援知识下降至谷底,再收整自己使用的器材,将其全部带回。

(六)艰难返程

1. 由于被困人员无法行走,动一下就会感觉疼痛。救援人员担心被困者在行走途中受到二次伤害,就利用船型担架、4 米绳,将伤者固定在担架上,安排一名队员在前方带路照明,两名队员利用 20 米绳在上方牵拉船型担架,一名队员在后方辅助收绳,另外的 8 名队员将被困者抬起前行,在前行过程中经过队员的不懈努力,成功将被困人员抬出塌陷区域。

2. 短短 3 公里的山路,布满了荆棘的藤条,在茂密的丛林中每个队员不顾身上被荆棘扎破的疼痛,抬着担架咬牙前行,直至度过这段苦不堪言的道路。紧接着我们又遇到了新问题,途中有一处近 70°的斜坡,并伴有碎石滑落,每走一步都会向下滑半步,中队指挥员命令前方拉绳的队员攀爬到顶部建立 4 倍力绳索系统进行牵拉,上下共同发力从而减轻爬行的难度。至此共消耗了五六个小时,队员们都感觉快脱力了,只能一点一点向前挪动,但全体队员发扬"一不怕苦二不怕死"的战斗精神,相互鼓舞,在短暂调整过后,继续在黑夜中奋力前行,最终经过近 13 个小时的负重前行,成功将被困人员送上救护车。

图 6‑1‑4 救援成功

二、深井救援

(一) 深井救援特点

1. 救援作业空间受限，部分井口小且深、场地狭窄；救援人员佩戴个人防护装备，携带救援器材后，行动难以展开。

2. 井下缺氧，易形成有毒气体。竖井深度在 5～10 米时，内部还有足够空气可供人员正常呼吸，但超过 10 米后，空气逐渐稀薄，缺氧情况严重。井底可能有一些长年积累的腐烂物质易形成有害气体（如硫化氢），导致被困者和救援人员中毒。

3. 井下黑暗，照明困难。部分井口狭小，光线难以照射进去。井下黑暗的环境，容易让被困者产生恐惧心理，同时也给救援工作带来不便。

4. 纵深长，通讯障碍。从井口往下到达一定深度以后，通信讯号易消失，无论是与被困者联系，还是救援过程中的通信联络都比较困难，这也极大程度地增加了救援的难度。

5. 井下温度低，易失温。井内温度较低，一般在 5 ℃ 左右，时间长后，被困者往往体力不支。

6. 救援作业强度大。救援行动常常需要往复多次，时间跨度长，应备足力量，梯次轮换。

(二) 常见深井救援危险性

1. 缺氧中毒

某年 7 月，某公司 1 名物业人员在疏通市政下水井管道时中毒被困井中。某消防救援站赶赴现场处置。救援人员使用有毒气体探测仪下井检测，仪器未报警，随即卸下空气呼吸器先后两次下井作业，吸入有毒气体晕倒，另一名救援人员立即下井营救（未佩戴空气呼吸器），也中毒晕倒。

图6‑1‑5　井下救援易中毒缺氧　　图6‑1‑6　井口井壁易坍塌

2．坍塌埋压

某年5月,山东一村民不慎落入10米深的麦田机井中,随时有生命危险。某消防救援站赶赴现场处置。到达现场后,消防队员采取挖掘土方接近被困者的方式进行施救。因地质原因,救援作业面土方突然下沉,一侧坍塌,正在现场施救的两名消防队员,不幸被埋。

(三)深井救援常用装备

1．补氧装备

(1)排烟机

排烟机正压送风,无通风管路,通风管路可根据机器口径自行设计制作。但排烟机效果不如坑道送风机,且噪音过大影响救援。

(2)吊运气瓶

吊运气瓶供气,适用于井口狭窄的救援现场,但是气瓶的储气量有限,使用时间较短。

  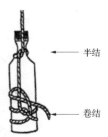

图 6-1-7　排烟机　　　　图 6-1-8　吊运气瓶

（3）移动供气源

消防站创造性地将移动供气源连接他救面罩的减压供气软管和恒流阀使用（即去掉他救面罩的头罩），不仅延长了移动供气源的供气距离（30 米左右），而且减小了供气软管压力，配合恒流阀，为被困人员提供 30 L/min 左右的恒定气流。

图 6-1-9　移动供气源

2. 侦检装备

为及时准确地掌握落井人员的深度、位置、姿态，消防救援人员常用的侦检器材有热成像仪、四合一气体检测仪、生命探测仪、米尺、强光灯等。

（1）热成像仪

热成像仪成像不清晰，当井壁不垂直，被困者被遮挡时，无法使用。

（2）四合一气体检测仪

四合一气体检测仪可同时检测氧气(O_2)、硫化氢(H_2S)、一氧化碳(CO)和可燃气体，救援人员随身携带，能够时时侦检外部环境情况。

图 6‑1‑10　热成像仪　　　图 6‑1‑11　四合一气体检测仪

（3）生命探测仪

消防救援人员使用的为无线音视频生命探测仪，将其改为前线后杆连接，不仅可以延长实际工作距离，更减小了井口工作空间；同时配合红外探头及无线显示平板，将其运用于深井救援更具针对性。

图 6‑1‑12　生命探测仪　　　图 6‑1‑13　通信对讲机

3. 通信装备

通常情况下，消防救援人员在宽井口救援时携带电台入井，窄

井口救援时常利用胶带使对讲机(图6-1-13)保持常开,绳索悬吊着电台,从而保持联络。例如,2017年山东淄博"4·3"儿童坠井救援中,利用悬吊电台对讲,全程跟进心理疏导,有效消除了坠井儿童焦躁、恐惧等心理带来的负面因素,为成功救援打下坚实基础。

4. 排水装备

如果井下有水,可以利用水泵抽取井内或相邻井内的水,降低井下水位,避免被困者落到水面以下,产生风险。

图6-1-14 抽水水泵　　　　图6-1-15 吊升装备

5. 吊升装备

深井救援常用的吊升装备包括竖井提升器、救援三脚架、绳索、全身吊带、三角吊带、救援软梯、救援滑轮组件、扁带等。

竖井救援提升器主要由提升器主架、连接杆、导向绳、各功能部件组成。各功能部件可以在主架上更换。主架上端是螺纹口,

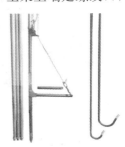

图6-1-16 锁紧杆

通过连接加长杆,可延长下放距离。加长杆上开有锁紧孔,利用锁紧杆(救援现场可用其他细杆代替)可以锁紧。该装置集"提、托、钩、套、夹、吸"六大功能为一体,实际应用性能稳定可靠,并且携带方便,一般用于窄井口,救援人员无法下井情况。消防站在实际救援中,一般运用钩和提的功能,钩住被困人员腋下,让其稳定而不继续下坠,然后使用提的功能将被困人员提起。

6. 挖掘装备

采用挖掘救援方法时,由于人工挖掘速度太慢,因此主要利用大型挖掘机械提高救援效率。挖掘装备主要包括挖掘机、推土机、沙铲等。确需挖掘救援时,指挥中心迅速与联动单位联系,及时调派。

7. 破拆装备

当救援现场使用挖掘救援方法时,有时需破拆混凝土井壁。例如,2015 年 5 月 21 日的西安航天基地男童坠井救援中,便是破拆后进行救援。

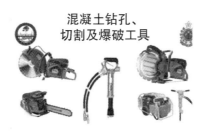

图 6 - 1 - 17 破拆装备

8. 支护装备

当救援现场使用挖掘救援方法时,为防止井壁或土方坍塌,必须利用支护装备制作支护系统,各消防站建议配备 10 块胶合板、10 根木方、15 根机械螺纹支杆。

（四）深井救援技术

1. 引导自救

落井人员未受伤或神智较清醒时，能够配合引导进行自救。

2. 直立下井

井口直径较大，井壁坚固，确定无垮
塌危险，而且被困者受伤或已昏迷的情况
下，可由救援人员直立下井实施救援。

3. 倒立下井

当井口和井内空间很小，只能一人垂
直上下时，可采用一人倒立的办法下井
（即倒立后利用扁带套住腋下或制作手铐
结套住双手），也可以抓住被困者将其提
升上来。

图 6 - 1 - 18　直立下井

采用此种方法，对倒立的救援人员来说是一项考验和挑战，因
为倒立后大脑充血，容易出现眩晕等不良反应。一般应挑选身体
素质好、身材单薄、瘦小的救援人员（一般时长为 3 分钟左右，超时
后会产生充血难受的情形）。

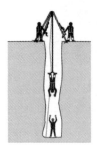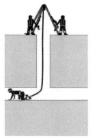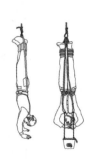

图 6 - 1 - 19　倒立下井

直、倒立下井救援注意事项：

① 第一时间吊运气瓶到井下，补氧通风。

② 救援时间不得过长，明确紧急信号。

③ 下井人员利用供气源，做好呼吸防护，并随身携带气体探测仪。

④ 下井人员着全身吊带，腹部挂点吊升，背部挂点保护。

4. 竖井提升器

当井口过窄，救援人员无法下井施救时，一般采用竖井提升器。例如，2018 年 6 月 14 日的安徽省闻集镇女童坠井救援中，利用竖井提升器成功实施了救援（需井壁与坠井人员之间有缝隙）。

注意事项：

① 第一时间利用移动供气源补氧通风。

② 利用生命探测仪确定坠井人员位置、状态。

③ 视情况利用悬吊电台对讲，跟进心理疏导。

④ 深井无法观察时，使用竖井提升器配合生命探测仪无线平板使用。

⑤ 先钩住坠井人员腋下，让其稳定而不继续下坠，然后使用提的功能将被困人员提起（注意配合和救援主绳的连接）。

5. 挖掘救援

当井口已垮塌，造成人员被掩埋，或者其他方案行不通时，只能采用挖掘法救人。

（1）开放式挖掘

一般利用大型机械（挖掘机、推土机等）"分级放坡挖掘"实施救援，按照 1∶1 的放坡系数分两级进行挖掘作业，每个作业平台最大挖掘深度不得超过 3 米，外围大型机械高效挖掘转运，中部小型机械快速深挖推进，井口人工精细挖掘清理。例如，2016 年 7

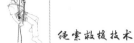

月 7 日郑州航空港区两岁女童坠井救援中即使用此法。

图 6-1-20　开放式挖掘救援

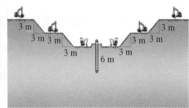

图 6-1-21　分级放坡挖掘

注意　井口必须持续供氧,同时用生命探测仪观察。周围人员要少而精,防止踩塌井口或掉落物品。须设立安全观察员,时刻观察救援进展情况,一方面要避免挖掘机撞坏井壁,从而威胁到落井人员;另一方面在挖掘到一定深度后,要避免塌方,及时通知对陡坡进行加固。

（2）单侧通道挖掘

单侧通道挖掘是在距离井壁 2.5 m 位置,利用挖掘机或者钻井等打通单侧竖向通道,然后在坠井人员对应的稍下方位置横向挖掘孔洞（0.5 m×0.5 m）,横向通道必须做好支撑防护系统以防坍塌,到达井壁后,根据厚度小心破拆救援。例如,2015 年 5 月 21 日西安一男童坠井即采用此法开展救援。

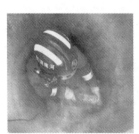

图 6-1-22　单侧通道挖掘

注意　井口须持续供氧,同时用生命探测仪观察。周围人员要少而精,防止踩塌井口或掉落物品。须设立安全观察员,时刻观察救援进展情况。

(五)救援注意事项

1. 必须做好安全防护

在深井救援中,特别是在有毒气体的空间,救援人员井下作业时,必须佩戴好个人防护装备。当存在有毒液体时,还需着消防员化学防护服。尤为重要的是,在进行深井救援时,必须选用质量可靠的救助绳索,且绳索的固定要具有双保险。

2. 正确选用救生器材

根据井下事故应急处置的特殊性,必须选择便携且操作简单的救生器材,同时所选器材要有稳定的安全性能,保证被困人员安全的同时,也便于救援人员的操作。

3. 正确采用救援方法

根据井坑的不同情况和被困人员的实际状态,正确灵活地采用不同救援方法,迅速将被困人员救出来。

4. 做好伤员的现场急救

被困人员出现昏迷、休克、中毒、骨折等现象时,必须做好现场急救。一般情况下,此类救援需要在专业医生的配合下进行;若现场没有专业医生,救援人员必须在现场紧急处理,做好固定、搬运、包扎和心肺复苏工作。

5. 做好战前训练准备

深井救援是一项极其复杂的多器材、多操法、耗体能的科目,救援工作涉及心理、生理等多个方面。救援人员应当在战前开展好日常训练工作,不断提高救援的技能水平,为短时间内救出被困人员创造条件(深井救援装备模块化管理)。

第二节　赛事复盘学习

目前,国际上较高水平的绳索比赛有美洲格瑞德、台湾桥、英联邦 UKRO,其中由那慕尔消防局 2006 年创办的格瑞德绳索救援赛是目前世界上最大的绳索救援锦标赛,是绳索救援领域的奥林匹克。

格瑞德的比赛项目涉及面广,参赛人员有消防救援人员、军队和警察以及绳索爱好者,会在各种城市建筑、工业娱乐设施、异形建筑中开展,有着极强的观赏性。同时,赛事采用的是国际最先进的工业 DRT 技术和装备,安全保障性很高。该项赛事的国际化也在逐步进行。此章节主要通过实战、各种赛事来学习别人的长处,弥补自己的不足,从而提高一个团队的默契度及操作水平的规范性。

本节内容是近几年绳索救援赛事的复盘,通过绳索救援赛事的场景解析,找到比赛救援队的操作中我们没有想到的细节点以及技术上的差异性,并且按照赛事关卡解析让队伍做出研判及现场复盘,从而提升救援队的综合能力。

近几年,利用绳索装备开展的救援技术得到广泛认可,各单位都陆陆续续地组织培训、学习,进行应用。下面将以国内两个比赛赛事的项目作为学习方向,分析分享,增加成长经验。涉及的资料信息只作为推荐学习方式,不涉及任何观点及立场。

一、珠海横琴绳索救援赛(格瑞德)

(一) 鱼跃龙门

图 6 - 2 - 1　鱼跃龙门

1. 场景解析

① 伤员处于桥下无行动能力。

② 六名救援人员五人在桥面上、一人在桥下。

③ 桥面无任何可用锚点,地面有两辆车做锚点,或者一辆车两边的车轮做两处锚点。桥下的人员可以在两辆车之间往返一次。提拉系统不可压在桥面护栏上方。

④ 需要将伤员从桥下一侧越过桥面转运至桥下另一侧安全区域。

⑤ 担架落地拆除装备后停秒,总时间 90 分钟,若超时,此关不计成绩,需要陪护。

2. 难度系数

本项目涉及的主要绳索救援技术:

① 担架进出时,需要低岩石角高翻越担架技术。

② 锚点站的建立及装换使用。

③ 伤员的医疗救治及上升过程的保护。

3. 主要操作步骤

① 桥面系统架设手(系统手)从桥面两边各释放一组绳索,配

合桥下先锋手架设两组延长锚点至桥面。

② 一名系统手架设一组绳索让担架手快速下降至伤员位置，检查伤员状况；另一名系统手将担架通过绳索下放至伤员位置，同时将一组拖拉绳从玻璃护栏的下方放至担架位置。

③ 担架手对伤员做好伤情处理后，将伤员固定到担架并将担架挂接在拖拉绳上；同时系统手将绳索 1∶1 收紧，装好 B-block 做好拖拉准备等候指挥员指令；此时桥下先锋已通过绳索攀爬至桥面。

④ 将担架提拉至桥面附近，担架手与担架分离，配合副提拉将担架通过护栏提拉至桥面。

⑤ 锚点转换，主副提拉配合将担架通过护栏下放至桥面以下，直至主提拉系统受力，担架手挂接至担架做好陪护。

⑥ 将担架下放至地面安全区域，救援结束。

4. 注意事项

① 做好绳索保护，主副提拉系统相互配合。

② 做好桥梁下方绳索保护点的处理。

③ 担架翻越时的保护点转换及主受力绳索的释放，低岩角高翻越时的保护点（此时在比赛中有单点争议）。

（二）云上舞者

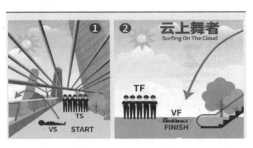

图 6-2-2　云上舞者

1. 场景解析

① 伤员处于一露天楼顶平台,楼顶伤员所处位置上方约 10 米处有强壮的钢梁可做锚点。

② 平台边缘有一约 1.5 米高的玻璃护栏,玻璃护栏不可承重。

③ 需要将伤员从平台越过护栏转运至距离楼体前水平距离约 50 米的地面安全区域。

④ 需要担架陪护;担架落地拆除所有装备,停秒。救援开始时指挥员处于伤员所在平台位置,其他救援人员在地面安全区域,指挥员需通过对讲机下达救援指令,不可离开伤员区域。

⑤ 平台与地面安全区域之间设置有牵引绳;总时间 90 分钟,若超时记 0 分。

2. 难度系数

本项目涉及的主要绳索救援技术:

① 抛掷袋技术。

② 回收系统架设。

③ 变形 V 型系统(二维转运)。

④ 医疗救助,伤员担架捆绑技术。

3. 主要操作步骤

① 指挥员计划好方案后,通过对讲机通知担架手和先锋手携带担架等所需救援器材通过楼梯前往伤员所在平台。

② 先锋手利用掷袋在伤员上方钢梁处建立回收系统接近钢梁架设高位锚点;担架手对伤员做好伤情处理,并将伤员固定至担架;指挥员通过牵引绳将变形 V 型系统提拉至所在平台位置。

③ 将担架连接至变形 V 型系统,并将变形 V 型系统挂接至上方锚点;同时地面系统手架设锚点将变形 V 型系统的下半部分制作完整。

④ 系统手将担架和担架手通过系统将担架拉高至高过玻璃护栏(指挥员评估好提拉高度)后将 V 型系统的绳桥拉紧,绳桥拉紧后牵引部分的提拉系统改为下放系统,再将担架下放至地面安全区域,拆除所有系统,救援结束。

4. 注意事项

① 事先评估好锚固点(钢梁)的直径,计划好架设锚点的器材。

② 制作车辆锚点时,要注意锚点装备的选择使用(比赛中由于轮毂空间小,只有小保护套的扁带能够穿过)。

(三) 手挥五弦

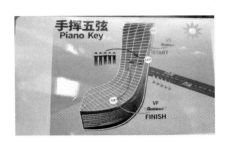

图 6-2-3　手挥五弦

1. 场景解析

① 伤员被绳索挂在 L 形状大楼的 19 楼外墙(中途锚点救援技术);楼体 12 楼处有一平台可以使用。

② 需要先将伤员快速解救至大楼 12 楼平台进行伤情处理;4 楼楼顶有网状的装饰结构(网格),距离 4 楼楼面约 6 米高,并有一根强壮的钢梁处在装饰网附近可作强壮锚点使用;最终需要将伤员营救至 4 楼楼面,需要从指定的网格下降到 4 楼楼面,不可以触碰到指定网格的结构。

③ 所有救援人员从 12 楼平台位置出发。伤员需要陪护,不需要使用担架。指定的网格结构不可触碰,若触碰到指定的网格,

营救失败,此关记 0 分。12 楼平台与 4 楼锚点处预设有牵引绳。

④ 12 楼与 4 楼平台之间有可以行走的通道;担架落地所有系统拆除,停秒;总时间 90 分钟,若超时记 0 分。

2. 难度系数

本项目涉及的主要绳索救援技术:

① 中途锚点救援技术。

② 绳桥架设及定点下降技术。

③ 抛掷袋技术。

④ 回收系统架设。

3. 主要操作步骤

① 先锋手从 12 楼平台处通过楼梯行进至 4 楼平台,并利用掷袋在钢梁上架设绳索系统接近钢梁并架设锚点;同时担架手通过伤员的绳索接近伤员,并将伤员快速解救至 12 楼平台做伤情处理。

② 利用牵引绳在 12 楼与 4 楼之间建立绳桥,在绳桥上架设一个大滑轮并利用大滑轮做锚点架设一组绳索,制作一组牵引绳挂接在大滑轮上。担架手挂接在大滑轮下方的绳索上,并与伤员做好挂接。

③ 释放牵引绳将担架手和伤员一起斜下至 4 楼指定网格上方,锁定牵引绳;系统手操作系统控制器,将担架手与被困者一起下降至 4 楼楼面。

④ 拆除所有救援系统,结束。

4. 注意事项

① 绳索保护,禁止触碰指定网格。

② 人员解救后到达平台,需要时刻关注被困人员的基本情况,并且陪伴。

③ 定点 T 型下降时,要确保人员精准下降到达安全位置。

(四) 时光流转

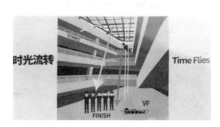

图 6-2-4 时光流转

1. 场景解析

① 伤员被绳索挂在一商场天井距地面约 10 米高的位置(胸升受力)。

② 救援人员从顶楼出发,需要将伤员营救至地面;救援结束后需将所有系统拆除回收。

③ 救援人员把担架忘在了地面又不可以下去取担架;伤员需要担架;伤员的绳索不可以给营救人员使用;总时间 90 分钟,超时记 0 分。

2. 难度系数

本项目涉及的主要绳索救援技术:

① 辅助攀登前进技术。

② 空中入担架技术。

3. 主要操作步骤

① 担架手通过辅助攀登接近伤员正上方,架设一组绳索接近伤员;将伤员转换成下降状态;陪伴伤员,等待担架转移。

② 两名系统手在担架手身后通过辅助攀登技术接近伤员正上方,架设一组下放系统;通过下放系统的绳索下降至地面;再将

担架连接固定在下放系统的绳索上。

③ 先锋手在系统手身后做辅助攀登接近下放系统,系统手利用下放系统 1∶1 将空担架运送至担架手位置。

④ 指挥员通过辅助攀登接近先锋手,并制作下降用的回收系统。

⑤ 担架手将伤员固定在担架内,先锋手操作下放系统将担架下放至地面,拆除下放系统,依次从回收系统下降至地面;回收所有装备,救援结束。

4. 注意事项

顶部钢管直径较大,辅助前进攀登会比较困难,建议使用长钢制锚点绳来进行移动,没有可调牛尾绳可以建议使用两条短连接。

(五) 高山仰止

图 6 - 2 - 5 高山仰止

1. 场景解析

① 灯塔顶部有一被困人员,救援人员需通过软梯攀爬至顶部将伤员用一对一救援技术从绳索上下降到地面,将伤员固定到担架。

② 其余救援人员攀爬软梯到达顶部(软梯不能出现多人同时

攀爬),再由绳索下降到地面。限时 40 分钟,超时记 0 分。

2. 难度系数

本项目涉及的主要绳索救援技术:

① 攀爬绳梯。

② 一对一救援技术(狭小空间通过)。

3. 主要操作步骤

参考场景解析。

4. 注意事项

① 操作时,软梯需固定才能够让人员上升速度提升。

② 救助时,人员在小空间通过时进行保护(注意伤员的挤压)。

(六) 晶莹剔透

图 6 - 2 - 6 晶莹剔透

1. 场景解析

① 伤员被困在一个狭小空间(玻璃围墙)。

② 救援人员从侧面平台(平台边缘有玻璃护栏)出发,将被困人员从狭小空间营救至右上方安全平台;平台后方有强壮锚点可用,狭小空间上方也有可用的强壮锚点。

③ 需使用赛事方指定的担架,总时间 90 分钟,超时记 0 分。

注意　平台边缘的玻璃护栏不可承载提拉系统或绳桥。

2. 难度系数

本项目涉及的主要绳索救援技术。

① 变形 V 型系统，也可使用 T 型救援。

② 绳桥架设提高位置使被困者通过护栏。

③ 提拉点的设置。

④ 个人攀爬技术。

⑤ 对于伤员的医疗救助及生命支持。

3. 主要操作步骤

此处只讲解 V 型系统：

① 系统手利用平台后方结构制作锚点。先锋手利用架设好的锚点接近狭小空间上方结构制作锚点，设置提拉点。同时担架手架设绳索接近伤员。

② 提拉系统尾绳给到担架手。

③ 伤员固定好后指挥员下达提拉指令，待担架通过狭小空间后将担架挂接到松弛的绳桥上，拉紧绳桥释放提拉系统，待担架通过玻璃护栏后放松绳桥。

④ 担架落地，拆除系统，先锋手回到平台，救援结束。

4. 注意事项

① 此项目赛事组委会规定使用制定担架，需要在操作前期进行使用培训(有 15 分钟的学习时间)。

② 操作时，要注意与玻璃幕墙的刮碰及通过时的保护。

(七) 河清云庆

1. 场景解析

① 伤员困于图 6-2-7 所示右侧河道岸边，救援人员在左侧河岸，需要将伤员营救至左侧河岸。

图 6-2-7　河清云庆

② 图 6-2-7 右侧建筑的立柱可以当作强壮锚点使用,左、右侧河岸边上有护栏,左侧护栏可承受向下的压力。左侧河岸有车辆可以作锚点使用,两处锚点间预设有牵引绳。有步行通道连接河两岸。右侧建筑物内锚点高于左侧车辆锚点,夹角超过 15°。限时 90 分钟,超时记 0 分。

2. 难度系数

本项目涉及的主要绳索救援技术:

① T 型救援(以下解析采用日式 T 系统)。

② 伤员处理及必须按要求到达伤员。

3. 主要操作步骤

① 先锋手和担架手携带器材步行前往河岸建筑,建立锚点。同时系统手利用车辆架设锚点。

② 担架手架设绳索系统快速接近伤员做伤情处理,先锋手配合系统手建立日式 T 系统,将担架运送至伤员位置。

③ 担架手将伤员固定到担架内后,系统手操作系统将伤员转运至河岸安全区域。

4. 注意事项

① 两处锚点存在高度差且超过 15°,需要双牵引绳。

② 左侧河岸有护栏需要配合副提拉将担架平稳转运至河岸。

③ 先锋手处在高位锚点,操作牵引绳存在困难,建议将牵引绳通过滑轮导向系统手这一侧,由系统手来操作。

(八) 节节高升

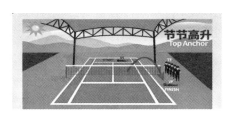

图 6 - 2 - 8 节节高升

1. 场景解析

图 6 - 2 - 8 与现场存在差异,赛事方将此项目定义为游戏关,与救援无关。

① 图中有两个红圈,中间被隔离网隔开。一人(伤员)坐于红圈内不得站立、不得走动,另一红圈有一把锁扣。

② 救援人员需要架设系统,让红圈内的人越过两圈中间的隔离网去到另一个圈把锁扣取走,再将伤员送回原来的红圈,将锁扣放在伤员原先坐的红圈,再由救援人员取走;此时,伤员的工作结束可以自行离开;救援人员需要由系统返回出发点,所有装备拆除,任务结束。

③ 取锁扣的过程中救援人员和伤员的脚都不可碰地,碰地记0 分;简单赛道限时 90 分钟,复杂赛道限时 120 分钟,超时记 0 分。

④ 有预设绳可到达网球馆顶上的横梁;每个队伍有一块操作区域,系统手不可离开操作区域,队长可以。

2. 难度系数

本项目涉及的主要绳索救援技术:

① 移动辅助攀登(注意建筑物上方的电线)。

② 交叉救援系统。

3. 主要操作步骤

① 担架手和先锋手携带装备通过预设的绳索攀爬至顶部横梁位置,通过辅助攀登技术前往各自的点位,建立滑轮导向系统;系统手在地面区域架设锚点,配合横梁上的担架手和先锋手建立交叉救援系统。

② 担架手挂接到交叉救援系统上,操作系统将担架手运送至伤员位置,挂接好伤员后操作系统去捡锁扣;再将伤员送回原位。

③ 将担架手送回导向滑轮系统位置,担架手和先锋手拆除导向系统,辅助攀登回到预设绳位置,下降到指定区域,结束任务。

4. 注意事项

① 伤员、赛事设置锁扣、2 个滑轮导向系统要成为一条线。

② 移动辅助攀登时要注意上方的线路问题。

二、重庆绳索救援赛(Life Line)

(一) 响水沟

图 6 - 2 - 9　响水沟

1. 场景解析

① 一名健康的攀登者被凌空悬吊、完全由安全带承受体重时,如果身体完全不动,10 分钟左右就会陷入昏迷。

② 如果被困者一动不动悬挂的时间达到 30 分钟,大部分人都会死亡,这种现象被称为"安全带悬挂征"。

③ 此项赛事是对速度的考验,救援人员必须先将伤员降至地面,再装上担架转运到安全地带。

2. 难度系数

本项目涉及的主要绳索救援技术:

① 长距离拖拽技术及绳索摩擦点处理(效率问题)。

② 空中入担架技术。

3. 个人想法

① 在提拉和释放过桥面护栏时,只有少部分队伍注意了摩擦力。很多队员身上都带了非常多的器材,但大多数是滑轮、主锁等,甚至还有 MPD,很少有队员携带边角滑轮等岩角保护器材,看到比较多的是帆布。

② 岩角保护的目的是保护绳索不被磨损,保护岩角或墙角的表面不被绳索破坏而造成落石等,减少摩擦,提高效率,保持绳索的清洁等。

③ 我们该如何高效提拉减少摩擦

一般遇到保护面积比较大时需要两层,第一层面积尽量大点,一般用帆布材料,起到保护绳索和岩角表面的作用;第二层需要有减少摩擦的器材,如墙角保护器、边角滑轮等,这些可以降低边缘摩擦力而大大提高提拉的效率。

（二）飞越竹林

Ⓢ 起始点
Ⓕ 结束点
Ⓡ 救援队伍
Ⓥ 伤员

图 6 - 2 - 10　飞越竹林

场景解析：

伤员被困于半山腰，山脚一片茂密的竹林，崎岖难行，担架很难进入，快速通过竹林是此项赛事的难点。

（三）医生很忙

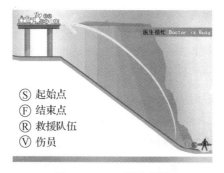

医生很忙 Doctor is Busy

Ⓢ 起始点
Ⓕ 结束点
Ⓡ 救援队伍
Ⓥ 伤员

图 6 - 2 - 11　医生很忙

场景解析：

"医生很忙"是救援经常会遇到的问题，伤员急需进行专业的急救处理，方可进行下一步的救援转运，此刻需要医生登场。但医生也是普通人，并不具备专业救援队员的技术水平、体力、力量和勇气,如何在保证医疗人员安全的情况下,快速到达出事地点进行急救,是这项赛事的要点。

(四)两山丘

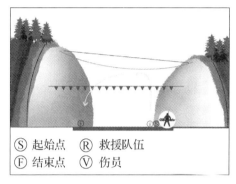

S 起始点　　Ⓡ 救援队伍
Ⓕ 结束点　　Ⓥ 伤员

图 6‑2‑12　两山丘

场景解析:

项目需要队员爬上两个不同高度的山坡,在之间架设绳索系统进行救援,所以需要考虑怎么样更方便地携带器材上坡顶。表现好的队伍都会把重器材背上较矮的山坡,用牵引的方法带到另一边,而高的一边仅仅只需要携带做锚点的器材。

(五)溪流旁的蜻蜓

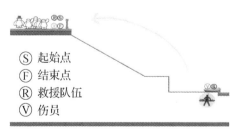

S 起始点
Ⓕ 结束点
Ⓡ 救援队伍
Ⓥ 伤员

图 6‑2‑13　溪流旁的蜻蜓

场景解析：

此项目专业术语叫"边坡救援"，即将从山坡上跌落到河边的伤员营救上来。本项救援本身并不复杂，但边坡的杂草、落石、水洼、边角各类小状况不断，优秀的救援人员应会充分利用地形，就犹如蜻蜓一样忽上忽下，巧妙规避各类不利状况。

第三节　灭火救援中的绳索应用

在灭火救援中有很多环节都会运用到绳索技术，不管是内攻人员搜救、楼道内部担架转移、拉梯下放技术，还是火场自救逃生都或多或少地运用了绳索救援技术（其中，单双绳的使用需要根据现场情况进行选择，单绳使用和双绳使用都需要有强大的技术支撑来保证安全）。下面将通过以下案例来思考灭火救援中的绳索应用。

案　例

起火建筑为2层厂房，一层为塑料成形区、半成品模具放置区和塑料产品仓库；二层为塑料、纸箱等辅助仓库，存放树脂、纸板、聚氨酯泡沫、松香水等物品和少量桶装油漆、瓶装酒精。

2时50分，火灾所在地、瓜沥镇专职消防队到达现场。此时厂房背面2间房间有明火冒出，现场烟雾较大，窗口有大量明火蹿出，火势向南蔓延。4时10分，萧山区消防中队等增援力量到达现场，堵截东北角火势向西南面蔓延。

5时00分，火场风向突然由西南风转为东北风，大量浓烟瞬间充斥整个厂房,内攻人员被困火场,现场指挥部立即下达撤退的命令。经清点人员发现,该市某消防中队陈某1、毕某、尹某1和萧山区消防中队陈某2未及时撤出。随即,指挥部派出3个搜救小组,由厂房南面楼梯进入二楼进行人员搜救。

5时20分,陈某1、毕某被救出且并未受伤。第二搜救小组中队长尹某2、刘某在水枪阵地上找到陈某3,3人结伴往外撤离,原本畅通的水带已被塌落的货物牢牢压住,撤退线路被截断,3人只能原地返回寻找新的出口。此时,陈某2的空气呼吸器余气报警器发出警报,体力严重透支,尹某2、刘某轮流使用他救接口给陈某2的面罩供气。由于现场水带盘根错节,3人摸着水带寻找出口,误入组立车间内,彻底迷失方向而被困火场。

此后,刘某一直沿着萧山区消防中队干线撤离,找到散落在地面上的一支水枪后,因体力消耗过大,精疲力竭地瘫倒在水枪阵地上。5时30分,救援人员沿着水枪方向搜寻发现刘某并救出。

10时30分,在2幢厂房组立车间中央位置坍塌的钢架废墟下,发现中队长尹某2、陈某2和尹某1三人,后被救出,但均已牺牲。

案例分析:

1. 以上案例是消防员在灭火救援过程中进行人员搜救和撤离火场的过程中出现了伤亡,他们的献身精神是值得大家去传承学习的,但是我们要反思,在以后的人员搜救中是否有更安全、更高效的搜救程序呢?

绳索救援技术

2. 近几年,通过研究试验和实际现场操作中,开发了很多搜索搜救技术,比如扫描搜索、派出搜索、联线搜索等,都跟绳索救援联系紧密。通过人员导向搜索确定搜索的方向,明确了救出和撤退路线,能很大程度地减少伤亡系数,降低风险。

一、利用绳索展开内攻搜救技术

利用绳索作为导向,明确搜索搜救方法是极其重要的。常用的三种搜索方法为扫描搜索、派出搜索以及联线搜索(图6-3-1)。

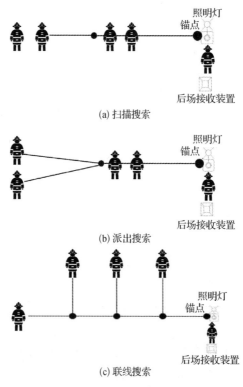

图6-3-1 利用绳索展开搜救

242

二、灭火救援中下放技术

灭火救援行动中搜索被困人员并将其转移到安全位置一直是救援工作的首要任务,对于行动不方便的被困人员可以通过楼道转移技术和滑梯下放技术来转移。

沿内楼道转移救援技术主要应用于有人员被困楼内行动不方便,且无法自主行动及楼内电梯无法使用,并且楼梯间有缝隙超过10 cm 以上。转移时需要注意摩擦点和人员配合的默契度配合,保证担架转移平稳及安全。

图 6-3-2 楼道转移技术

沿梯转移被困人员是利用拉梯滑梯下放技术来开展救援,一般在灭火救援中是部分救助技术。在救助过程中要确保梯子的稳固性,锚点的可靠性,下放还需要做好导向牵引保证担架在救援拉梯上按规定路线下滑,保证担架的稳固及安全。

图 6 - 3 - 3　滑梯下放技术

　　负角度下放技术是灭火救援行动中转移被困人员使用最频繁的一项技术，也是相比较滑梯下放好掌控的一项技术。其要点就是利用拉梯与地面形式三角形，作为导向锚点，后方设立主锚点利用下放技术开展救援。

图 6 - 3 - 4　负角度下放技术

第四节　水域救援中的绳索应用

一、抛投救援技术与应用

抛投救援是冰域事故救援常用的一种简单、快速、高效的救援方法。

（一）抛绳包救援

抛绳包分为低手抛、过肩抛、侧手抛三种方法。

1.低手抛主要用于上方抛投空间受限时。手抓住绳包的适当位置,将绳头握在手中,前后摆动,用力将绳包对准目标抛出。

图 6-4-1　低手抛

2.过肩抛主要用于下方抛投路线受限或在涉水救援时。手抓住绳包的适当位置,将绳头握在手中,然后将绳包举在肩上,身体稍向右转然后迅速转身用力将绳包抛出。

图 6 - 4 - 2　过肩抛

3. 侧手抛主要用于上下方有障碍物时。手抓住绳包的适当位置,将绳头握在手中,手臂向身体左(右)侧抬起约与肩同高,水平摆臂用力将绳包抛出。

图 6 - 4 - 3　侧手抛

(二) 收绳方法

1. 快速收绳

按照一前一后的顺序,将绳索折叠平分收拢在支撑手上,根据实际救援距离,利用低手抛的动作要领迅速抛向被困者。

图6-4-4　快速收绳

2. 常规收绳法

将绳索搭在肩上或者挂在胸前的安全钩上,双手抓牢绳包收口处,分别利用大拇指和食指捏住绳索,上下交替将绳索收入绳包中。

图6-4-5　常规收绳法

二、救生圈抛投技术

1. 操作步骤

① 首先将绳头的一端与救生圈进行连接。

② 面向被困者成弓步姿势,控制好身体重心。

③ 手臂抬起指向被困者,手抓住救生圈的适当位置,用力将救生圈抛出。

图 6 - 4 - 6　救生圈抛投

2. 抛投救援技术要点

① 抛投时注意身体重心的控制，出手时机和抛投路线的把握。

② 抛投落点应在被困者双手可触及的位置。

图 6 - 4 - 7　救生圈抛投要点

三、递物救援技术与运用

递物救援主要用于被困者有意识，且能够配合救援的情况下，是一种简单、快速、高效的救援方法。

图6-4-8 递物救援

为避免救援人员落水，救援人员应当降低身体重心俯卧在冰面或岸边，保护人员对救援人员进行安全保护。

四、单杠梯救援技术

主要是在没有专业的冰域救援器材装备时，开展的快速、高效的救援方式。

1. 操作步骤

① 绳结与单杠梯有效连接。

② 将牛尾绳挂在主绳上。

③ 携带单杠梯接近被困者。

④ 利用杠杆原理将被困者救至安全区域。

图 6 - 4 - 9　单杠梯救援

2. 单杠梯救援技术要点

① 接触到被困者后应第一时间建立正浮力。

② 绳结大小要适中。

图 6 - 4 - 10　单杠梯救援技术要点

当水域遇险人员被困于对岸或孤岛，救援人员不能通过附近桥梁、道路、舟艇、涉水和游泳到达对岸或孤岛，且遇险人员有行动能力时，可利用可靠的大树或其他物体作为锚点，此时可以使用绳索系统班组救援技术实施救援。详情可翻阅本书第五章第四节内容进行参考。

附　录

● 扫码下载

附录Ⅰ　山岳救援营救情况记录表

救援队名称				
工作场地名称及位置				
开始时间	——年___月___日___时___分		结束时间	——年___月___日___时___分
营救方案	人员结构			
	装备配置			
	营救方法			
	安全措施			
营救过程	方案确定	___时___分	部署安全措施	___时___分
	架设救援通道	___时___分	通道架设完毕	___时___分
	接触受困者	___时___分	现场急救	___时___分
	救出受困者	___时___分	现场移交	___时___分
行动小结				
负责人：	——年___月___日___时___分			

附录Ⅱ 救援环境安全评估表

救援队名称				
救援场地名称和地理位置				
救援环境评估	天气状况		危化品泄漏	
	风速风向		水域深度	
	水流速度		水下情况	
	泥石流可能		污染物情况	
	上游情况		土质机构	
	地势情况		其他情况	
被困人员情况	被困人数量			
	伤病情况			
	被困形式			
现场草图				
行动建议	人员装备配置			
	特别注意事项			
	其他			
时间	_____年___月___日			

附录Ⅲ 绳索救援训练(演练)任务卡

灾情想定	在××城市××年××月××日××时,由于海啸、台风的自然灾害袭击,大量的强降雨引发洪涝、滑塌、泥石流等特大自然灾害事故。城市中出现一个个分散独立的岛屿,造成大量人员被困,通讯阻断导致灾区与外界信息无法传递。××救援队赶赴现场,第一时间受领任务并迅速展开救援。
场地场景设定情况	处置程序要点
	A. 环境勘测和侦察
	B. 安全部署和场地选择划分
	C. 现场评估和行动建议
	D. 被困者搜索和伤员急救辨别
	E. 制定行动方案和紧急备用方案
	F. 确定通讯方式和紧急避险撤离信号、路线
	G. 人员组成、编组、编配符合水域作业标准
	H. 器材装备选用方案和技术保障措施
搭建营救通道	工作地选择
	支点选择
	绳结制作
	绳结固定
	绳结牵引
	横渡方法
	数据实时监控
	安全保护措施
启用联合机制和信息发布	

参考文献

［1］加拿大公园协会陆地委员会.镜面绳索救援系统,2011.

［2］公安部消防局.水域救援技术应知应会手册[M].重庆:重庆大学出版社,2017.

① 主锁
② 脚升
③ 下降器
④ 机械抓结
⑤ 机械抓结
⑥ 手柄上升器
⑦ 可调节牛尾绳
⑧ 移动止坠器
⑨ 脚踏带
⑩ 全身式安全带

◀图3-2-1 个人绳索救援装备

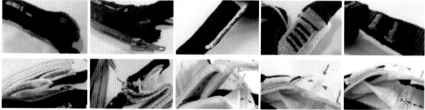

▲图3-3-42 磨损的连接器

▲图4-2-6 分配锚点

▲图3-2-18 牛尾绳的绳结

1

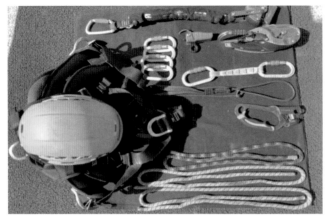

▲图5-1-2
个人防护装备

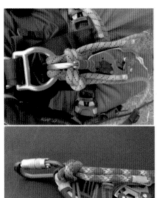

▲图5-1-3
个人防护装备组装

▲图5-1-5
个人防护装备检查

2

▲图5-1-7
上升与下降转换

▲图5-2-7 串绳交叉中救援

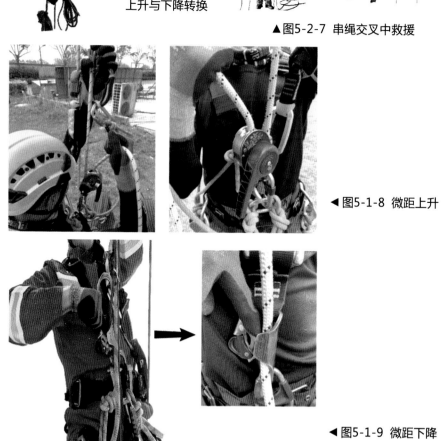

◀图5-1-8 微距上升

◀图5-1-9 微距下降

◀图5-1-10
上升通过绳结

◀图5-1-11
下降通过绳结

◀图5-2-10
M型救援